ÉTUDE COMPARATIVE

DES

ALLUVIONS QUATERNAIRES

ANCIENNES

ET DES

CAVERNES A OSSEMENTS

DES PYRÉNÉES ET DE L'OUEST DE L'EUROPE

AU POINT DE VUE

Géologique, Paléontologique et Anthropologique

PAR

Le D' Félix GARRIGOU

De Tarascon (Ariége).

TOULOUSE,
DELBOY, Édit.-Libraire,
rue de la Pomme.

PARIS,
J.-B. BAILLÈRE,
rue Hautefeuille.

1865

S

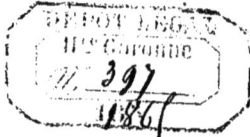

ÉTUDE COMPARATIVE

DES

ALLUVIONS QUATERNAIRES

ANCIENNES

ET DES CAVERNES A OSSEMENTS.

Toulouse. — Impr. L. HÉBRAIL, DURAND et Cᵉ, rue des Balances, 43.

ÉTUDE COMPARATIVE

DES

ALLUVIONS QUATERNAIRES

ANCIENNES

ET DES

CAVERNES A OSSEMENTS

DES PYRÉNÉES ET DE L'OUEST DE L'EUROPE

AU POINT DE VUE

Géologique, Paléontologique et Anthropologique

PAR

Le Dr Félix GARRIGOU

De Tarascon (Ariége).

TOULOUSE,
DELBOY, Édit.-Libraire,
rue de la Pomme.

PARIS,
J.-B. BAILLÈRE,
rue Hautefeuille.

1865

PRÉFACE

La question de la haute antiquité de l'homme sur la terre est aujourd'hui jugée dans le même sens par les savants qui l'ont étudiée d'une manière attentive. Pour eux, l'*homme fossile* existe. Telle est l'opinion professée par Schmerling, Falconer, Christy; MM. Boucher de Perthes, d'Archiac, de Quatrefages, Lartet, Desnoyers, Pruner-bey, Joly (1), Paul Gervais, Hébert, Vogt, Lyell, Prestwich, etc. A diverses reprises, j'ai donné moi-même le résultat des recherches entreprises sur ce sujet avec mes amis MM. Rames, H. Filhol, Louis Martin, appuyant mon opinion, sans cela bien faible, sur celle des illustres maîtres dont je viens de citer les noms si connus.

(1) Sachant qu'avec MM. Rames et H. Filhol nous préparions, en 1861, notre premier travail sur l'*homme fossile,* M. Joly a poussé la bonté jusqu'à se dépouiller en notre faveur de tous les matériaux que lui-même avait réunis pour traiter la question. Favoriser les travailleurs est l'une des nombreuses qualités de ce savant, au caractère noble et ami du progrès.

Pour prouver ce que je viens d'avancer, il me suffirait d'ouvrir au hasard les publications des divers savants que je viens d'énumérer en partie. Je me contenterai de transcrire ici, pour gagner de l'espace, l'opinion de MM. d'Archiac, Lartet, Christy, Desnoyers.

Après avoir résumé, dans son cours de paléontologie stratigraphique, les recherches faites dans les cavernes des Pyrénées, l'illustre professeur du Muséum termine ainsi : « Malgré les preuves que nous nous « sommes attaché à accumuler dans cette leçon et dans « les précédentes sur la contemporanéité de l'homme « avec les grandes espèces éteintes de mammifères, il « y a sans doute des personnes auxquelles ces preuves « ne suffisent pas et qui persistent dans leur ancienne « croyance. Mais l'histoire nous offre à chaque pas de « ces résistances à l'introduction d'idées nouvelles qui « contrarient les théories, froissent les opinions ou les « amours-propres; il ne faut donc point s'étonner de ce « qui se passe aujourd'hui à l'égard de cette question, » et nous devons attendre tout du temps et de la per- « sévérance des recherches qui feront justice de ces « oppositions, comme ils ont déjà fait de tant d'au- « tres. »

MM. Lartet et Christy, dans leur remarquable travail sur l'âge du renne dans le Périgord, s'expriment de la façon suivante : « Il existe aujourd'hui, soit en France, « soit en Angleterre, un nombre très considérable « d'observations toutes concordantes, toutes vérifiées, « contrôlées par des hommes éminents et des plus « compétents; ajoutons, pour nous servir des expres-

« sions de notre ami M. Boucher de Perthes, par *des*
« *hommes de science et de conscience.* En sorte que cette
« vérité tant contestée de la coexistence de l'homme
« avec les grandes espèces éteintes, *elephas primigenius,*
« *rhinoceros tichorhinus, hyena spelæa, ursus spelæus,* etc.,
« nous paraît désormais inattaquable et définitivement
« acquise à la science. »

M. Desnoyers, ce savant consciencieux par excel-
lence, qui, par son article *Grottes* du *Dictionnaire d'histoire naturelle*, a arrêté pendant plus de vingt ans la
solution affirmative du problème de l'homme fossile,
admet aujourd'hui l'existence réelle de l'homme quaternaire. Bien plus, depuis qu'il a pu étudier atten-
tivement des faits nouveaux, il a été le premier à citer
les traces d'un travail humain sur les os d'animaux
pliocènes.

Le nombre de cavernes ou de cavités que j'ai explorées par moi-même s'élève actuellement à 212 pour le
midi de la France. Comme on trouve dans beaucoup de
ces cavernes les gisements en place et non remaniés des
faunes caractéristiques de certaines époques géologiquement récentes, entre autres de l'époque quaternaire,
j'ai voulu faire une étude comparative de ces diverses
faunes, et voir si cette étude ne pourrait pas fournir des
éléments utiles pour établir des divisions rationnelles
dans l'histoire géologique de l'homme. Mes recherches
m'ont permis, je crois, d'atteindre le résultat vers lequel
je tendais. Mon opinion se trouvera renforcée, je l'es-
père, par la lettre suivante que M. d'Archiac a bien
voulu m'écrire au sujet du travail présent.

Monsieur, j'ai reçu le manuscrit que vous m'annonciez dans votre dernière lettre. Je l'ai lu avec un vif intérêt, et je pense que par le grand nombre de faits qu'il contient, comme par la manière dont ils sont exposés et groupés, il est de nature à propager les idées nouvelles, au triomphe desquelles vous vous êtes voué. La science se trouve ainsi portée vers de nouvelles voies et assise sur des bases plus solides, plus larges, qui peuvent être fécondées par la suite. La publication immédiate de votre travail serait donc une chose désirable pour tous.

Veuillez agréer, Monsieur, etc.

Vicomte D'ARCHIAC.

ÉTUDE COMPARATIVE

ALLUVIONS QUATERNAIRES

ANCIENNES

Toutes les cavernes sont loin de contenir les mêmes espèces animales, et l'expérience m'a appris, comme je l'ai annoncé pour la première fois avec mon ami M. Louis Martin, au mois d'avril 1864, que dans les Pyrénées, suivant le niveau d'une caverne par rapport au fond d'une vallée, on pouvait d'avance prévoir la faune qu'elle renfermait. Je me propose de prouver, dans ce chapitre, que l'opinion émise dans la note sur la grotte d'Espalungue (Basses-Pyrénées) est confirmée par les découvertes récentes.

Les grottes dont la faune est composée en entier ou en partie par l'*ursus spelœus*, le *felis spelœa*, le *rhinoceros tichorhinus*, l'*elephas primigenius*, etc., occupent généralement des points assez élevés au-dessus du fond des vallées, dans les massifs calcaires des Pyrénées. Ainsi, dans le département de l'Ariége, la caverne de Bouichéta se trouve à 230 mètres environ au-dessus du niveau de l'Ariége, au pont de fer d'Arignac; la caverne des Enchantées est à peu près au même niveau, au-dessus du point de repère précédent.

La caverne de Lherm s'ouvre à 200 mètres au moins au-dessus du niveau de l'Ariége, à Foix; la caverne de Loubens ou du Portel, à plus de 250 mètres au-dessus de l'Ariége, à Crampagna; la grotte supérieure de Massat est à 170 mètres au-dessus du ruisseau de l'Arac; celle d'Aubert dans le Castillonnais, à 240 mètres au-dessus de la rivière du Lez. Plusieurs autres cavernes de l'Ariége et de la Haute-Garonne, que je n'ai pas encore décrites, et contenant aussi les ossements du *grand ours des cavernes*, sont à 200 ou 250 mètres au-dessus des cours d'eau voisins les plus considérables.

A Bagnères-de-Bigorre, les cavernes que M. Philippe a décrites contiennent spécialement, du moins quelques-unes, l'*ursus spelæus* et les restes des animaux qui accompagnent toujours ce carnassier.

Enfin, la grotte d'Aurignac, célèbre, tant à cause du savant illustre qui l'a décrite qu'à cause de la faune quaternaire ancienne qu'elle renfermait, est située très haut dans le massif calcaire d'Aurignac, en dehors des atteintes de tout phénomène « diluvien », comme le fait justement remarquer M. Lartet.

Les grottes du fond des vallées ne renferment pas les grands mammifères éteints des cavernes des hauteurs (1). Le *renne* en est le mammifère caractéristique. Telles sont : la caverne de Bize, près Narbonne ; dans l'Ariége, la grotte inférieure de Massat, celle du Mas-d'Azil, probablement celle de Montesquieu-Avantès ; dans la Haute-Garonne, les grottes du massif du Bédat (quartier Es-Taliens), près de Bagnères-de-Bigorre ; dans les Hautes-Pyrénées, la caverne de Lourdes ; dans les Basses-Pyrénées, celle d'Espalungue.

On trouve aussi vers le fond des vallées des cavernes dans

---

(1) Les niveaux des grottes de la vallée de Bagnères-de-Bigorre sembleraient contredire ce que j'avance ; mais une étude attentive de la localité, aidée de l'examen paléontologique fait par M. Philippe, permet de voir là une confirmation complète de la loi stratigraphique que je veux établir. Un mouvement géologique récent du sol, a sans doute produit des dénivellations que j'aurai occasion de faire connaître plus tard dans mes études générales sur les Pyrénées. Ces dénivellations n'empêchent pas de pouvoir distinguer encore, dans les massifs calcaires de Bagnères-de-Bigorre, des cavernes avec une faune que caractérise l'*ursus spelæus*, d'autres dans lesquelles le *renne* est le mammifère dominant, et dans lesquelles aussi ont peut remarquer « l'absence de l'éléphant et du rhinocéros », fait important signalé par un auteur moderne.

lesquelles existent en abondance les restes d'*animaux soumis à la domesticité*. L'époque de l'habitat de ces grottes par l'homme cst de date archéo-géologique, correspondante à celle des habitations lacustres de la Suisse, c'est-à-dire représentant l'âge de la pierre polie.

Les grottes de ce genre, que nous avons été les premiers à signaler et à décrire avec M. H. Filhol, sont, dans l'Ariége, celles de Bédeilhac, Sabart, Niaux, Alliat, Ussat, Lombrives, Fontanet, etc., etc. Dans l'Aude et dans le Gard, les cavernes du Pontil et de Mialet ont offert à M. Paul Gervais des restes archéopaléontologiques, datant de ces mêmes temps préhistoriques.

Avec d'autres observateurs, j'ai remarqué qu'une même grotte pouvait contenir, quelquefois en même temps, les diverses faunes que je viens de signaler ; mais alors la plus ancienne, celle qu'accompagne l'*ursus spelæus*, gît dans les sédiments inférieurs, tandis que les sédiments supérieurs contiennent les faunes relativement récentes. Ainsi :

Les cavernes d'Aurensan, près de Bagnères-de-Bigorre, récélaient, dans les couches argilo-calcaires ferrugineuses, l'*ursus spelæus*, le *felis spelæa*, l'*elephas primigenius*, le *rhinoceros tichorhinus*, etc.; au-dessus était une couche meuble, sèche, avec les restes d'animaux vivant actuellement dans le pays.

A l'entrée de la grotte supérieure de Massat, dans les couches les plus profondes, gisaient l'*ursus spelæus*, le *felis spelæa*, l'*hyena spelæa*, etc.; les couches superficielles renfermaient, comme je viens de le constater récemment encore, des débris que j'ai pu rapporter à l'âge de la pierre polie ; on y a aussi trouvé des objets en métal de date relativement récente.

A la grotte du Mas-d'Azil, dans les dépôts les plus anciens et les plus profonds, sont abondamment répandus : l'*ursus spelæus*, le *felis spelæa*, l'*hyena spelæa*, l'*elephas primigenius*, le *rhinoceros tichorhinus*, etc. Au-dessus de ce dépôt fossilifère, composé par un lœss argilo-calcaire, en existe un second complètement différent avec sables et cailloux roulés, dans lequel on trouve les restes du *renne*, de plusieurs chevaux, du mouton, du bouquetin, du bœuf, etc., à l'exclusion des animaux des couches sous-jacentes. Des restes d'animaux, appartenant incontestablement à une époque plus récente encore, aux temps antéhistoriques, surmontaient les couches à ossements de renne, et n'étaient nullement mélangés aux restes de ces derniers mammifères.

Dans la grotte de Pontil, M. Paul Gervais a trouvé, dans les couches profondes, l'*ursus spelœus*, le *bos primigenius*, le *rhinoceros thichorinus*, etc. ; à la superficie existait, dans son plein développement, l'âge de la pierre polie.

Si, d'un côté, nous passons en revue la faune des cavernes supérieures des vallées pyrénéennes, nous voyons qu'elle est principalement constituée par les espèces suivantes : *ursus spelœus*, *ursus priscus*, *felis spelœa*, *felis* (deux tiers plus petit que le précédent), *hyena spelœa*, hyène encore indéterminée (espèce d'Afrique sans doute), *rhinoceros tichorhinus*, *elephas primigenius*, *megaceros hibernicus*, *cervus elaphus*, *bos primigenius bison europœus*, quelquefois *cervus tarandus* (renne), etc.

Si, d'un autre côté, nous étudions, au point de vue de leur faune, les alluvions quaternaires anciennes des vallées pyrénéennes, nous voyons qu'elles contiennent les mêmes espèces que les grottes supérieures des vallées, sauf cependant le *felis* plus petit que le *felis spelœa*, et la seconde espèce de *hyène* que j'ai indiquée déjà en 1862 (1), espèce que l'on y retrouvera sans doute plus tard. Les travaux de MM. Noulet, Leymerie, etc., sur les vallées de l'Adour, de la Baize, du Gers, de la Garonne, du Tarn, du Salat (2), de l'Ariége, de l'Aude, ont mis en même de connaître la composition de la faune de ces vallées, et de constater,

---

(1) Le regrettable docteur Falconer a constaté aussi, en 1864, la présence de cette seconde espèce d'hyène : il est à regretter que cet illustre paléontologiste soit mort sans avoir fait la description de ce mammifère, dont la présence dans nos régions est importante à signaler.

(2) Il y a peu de temps, j'ai étudié un gisement fossilifère que je regarde comme représentant la faune de la vallée du Salat; voici les espèces que j'ai pu y déterminer : *ursus spelœus*, *felis spelœa*, *canis vulpes*, *rhinoceros tichorhinus*, *elephas primigenius*, *equus adameticus*, *equus* indéterminé, *grand cerf*, *bison europœus*, *cervus tarandus* (très rare), *castor fiber* et probablement aussi *trogontherium*.

dans les alluvions quaternaires anciennes, la présence d'objets fabriqués par l'homme.

Il est donc permis de dire que les limons fossilifères des cavernes pyrénéennes, situées, par rapport au fond des vallées actuelles, entre 150 et 250 mètres de hauteur, que les couches fossilifères profondes ou inférieures contenues dans les cavernes ouvertes actuellement au fond des vallées, et que les dépôts quaternaires anciens du bassin sous-pyrénéen, datent d'une même époque, puisqu'ils contiennent les mêmes espèces animales éteintes.

Quant aux espèces qu'accompagne le *renne* et que renferment dans les cavernes les couches supérieures à celles de l'*ursus spelœus*, il est difficile de leur assigner une place spéciale dans la série des alluvions quaternaires anciennes, car jusqu'ici on les y a rarement trouvées. Comme je l'ai déjà dit, elles caractérisent certaines cavernes, situées vers le bas des vallées actuelles, et sont constituées principalement par : le *renne*, le *cheval*, le *megaceros hibernicus*, le *cervus elaphus*, le *bos primigenius*, l'*aurochs*, un *mouton*, le *chamois*, le *bouquetin*, le *loup*, le *renard*, un troisième *chien* tenant peut-être le milieu entre les deux précédents, le *linx*, etc. Pas d'animaux domestiqués, au moins d'après ce qui a été trouvé jusqu'ici.

Retrouvée à l'entrée des cavernes, dans les couches supérieures aux dépôts fossilifères où domine le renne, la faune des temps préhistoriques se compose des espèces suivantes : *ursus arctos* (ours actuel des Pyrénées), trois *bœufs* domestiqués des races *primigenius, frontosus, brachyceros?* la *chèvre*, le *mouton*, le *sus-scropha palustres*, réduits en domesticité ; le *sus-scropha ferus*, le *cervus elaphus*, le *chevreuil*, le *bouquetin*, le *chamois*, le *loup*, le *renard*, le *chien domestique* (chien d'arrêt), le *lièvre* (rare), le *coq de bruyère*, la *pie*, le *geai*, etc.

Cette faune n'a pas encore été signalée pour les régions pyrénéennes dans les alluvions récentes des fleuves. Ce n'est que dans ces alluvions qu'on peut les trouver ; tout géologue le comprendra facilement. Du reste, c'est seulement dans le lit de la Somme que M. Boucher de Perthes a trouvé les ossements des animaux antéhistoriques; les tourbières d'âge relativement récent, lui en ont aussi présenté des restes nombreux.

Les remarquables, utiles et difficiles travaux exécutés sur le parcours de la Seine, pour l'installation des barrages mobiles, ont aussi donné à leur auteur, mon ami M. de Lagrenay, ingénieur des ponts et chaussées, une riche moisson d'objets et d'animaux préhistoriques, trouvés dans les alluvions récentes du fleuve. De même encore, mon ami M. Edouard de Villiers, ingénieur des ponts et chaussées, en construisant le magnifique pont d'Auteuil, vient de découvrir plusieurs débris de la faune antéhistorique, gisant profondément dans le lit actuel de la Seine.

Si la stratigraphie et la paléontologie indiquent trois époques distinctes depuis le commencement de la période quaternaire jusqu'aux temps historiques, l'étude des débris de l'industrie humaine trouvés *d'une façon si constante* avec les diverses faunes que je viens de passer en revue, démontrent aussi que ces divisions sont exactes.

En effet, les cavernes dans lesquelles existe la faune accompagnant *l'ursus spelœus,* Lherm, Bouichéta, les Enchantées, Massat supérieur, Aubert, Loubens, le Mas-d'Azil dans l'Ariége; Minerve, Lunel-Viel (1), etc., dans le Languedoc; Aurignac (2), dans la Haute-Garonne, etc., m'ont permis de constater qu'à l'époque de leur habitat, l'homme se contentait de casser grossièrement les ossements des animaux dont il mangeait la chair, pour faire avec ces os des armes primitives et brutes : pointes

(1) Contrairement à ce qui a été dit jusqu'ici, la caverne de Lunel-Viel renfermait, et renferme sans doute encore, de magnifiques quartzites taillés. Je tiens ce renseignement de mon ami M. Rames ; voici ce que m'écrit ce savant : « J'en ai donné un ;quartzite taillé' à M. Lartet. Cet échantillon provient de la collection de M. l'abbé Lavergne, vicaire à Arpajon, qui le tenait de M. Calmette. Ce dernier étant étudiant à Montpellier, alla visiter la caverne avec des camarades et y recueillit des quartzites taillés. »

(2) Cette caverne, décrite par M. Lartet, notre illustre compatriote, a pu, je crois, servir de lieu de séjour à l'homme, et de sépulture pendant un temps considérable, depuis l'époque de l'ours jusqu'à celle du renne peut-être. C'est ce que semblent faire croire sa faune et les débris d'industrie humaine que l'on y recueille. Elle paraît, comme je l'ai dit plus haut, avoir été en dehors de toute action des phénomènes de remplissage par les cours d'eau.

de flèches et lances, mâchoires taillées, etc. Il façonnait aussi les quartzites du pays dans le genre de ceux d'Abbeville (1).

Dans les grottes où domine le *renne*, Espalungue, Lourdes, Bagnères-de-Bigorre, Massat-Inférieur, Mas-d'Azil, Bize, etc., les silex sont plus délicatement taillés que dans les gisements précédents, les ossements et les bois de cerfs appointis avec finesse en forme de poinçons, de flèches, de têtes de lances, d'aiguilles avec pointes et chas, etc. (2).

A une époque plus récente, pendant laquelle les habitants des grottes avaient déjà bon nombre d'*animaux domestiqués*, mais ne connaissaient pas l'usage des métaux, les instruments en os sont encore mieux finis, les roches ne sont plus taillées mais polies, l'art du potier prend un développement considérable, la civilisation a réalisé un grand progrès. Ainsi me l'ont prouvé mes recherches, ainsi que celles d'autres géologues, dans les cavernes du Mas-d'Azil, de Bédeilhac, de Castel-Andry, de Sabart, de Niaux, d'Alliat, d'Ussat, d'Espalungue, de Pontil, de Mialet, etc. (3).

Des faits que je viens de citer, je crois qu'il est permis de conclure, sans s'éloigner de la vérité, que, dans le midi de la France, on trouve, depuis le *commencement de l'époque dite quaternaire*, jusqu'au début des *temps historiques exclusivement*, trois grandes phases distinctes dans l'histoire paléontologique de cette période, ainsi que dans l'histoire de la civilisation des peuples qui ont vécu dès le commencement de cette époque quaternaire.

1° Dans la première grande phase, l'*homme* aurait été le contemporain du *grand ours des cavernes* et de tous les animaux que nous avons vu précédemment accompagner ce mammifère dont l'espèce est aujourd'hui perdue.

Les ossements de ces animaux gisent soit entiers, soit cassés par l'homme, dans les alluvions quaternaires anciennes des vallées sous-pyrénéennes, dans les cavernes situées entre 150 et

(1) *Bulletin. soc. géol. de France*, avril 1863.
(2) *Comptes-rendus de l'Académie des sciences*, 1863-64.
(3) *Ibid.* 1864.

250 mètres au moins au-dessus du niveau des vallées actuelles, et dans les couches profondes et inférieures des cavernes à dépôts fossilifères multiples. Les débris d'industrie humaine, qu'on trouve mélangés sans remaniement aux restes des mammifères éteints, indiquent un art naissant, à peu près semblable à celui d'Abbeville.

2° Dans le cours de la première phase se seraient peu à peu éteints les grands carnassiers et les grands pachydermes. Un ruminant, le *renne*, déjà existant dans la période précédente, aurait vécu dans des conditions telles, que son espèce se serait accrue d'une façon considérable. Ce mammifère serait devenu, par son abondance, caractéristique d'une seconde phase, pendant laquelle l'homme n'aurait pas encore domestiqué des animaux. L'industrie humaine aurait réalisé un sensible progrès : les silex ont alors été taillés avec art et finesse, les ossemen's travaillés avec plus d'intelligence, car ils portent des sculptures et des dessins.

Le *renne* et la faune qui l'accompagne se trouvent dans les grottes situées vers le pied des montagnes, à des nivaux inférieurs aux grottes à ossements d'*ursus spelœus* ; on les trouve aussi, dans certaines cavernes, parmi les dépôts immédiatement superposés à ceux qui renferment les mammifères des alluvions quaternaires anciennes.

3° La troisième phase serait caractérisée par une faune composée en grande partie par des *animaux domestiqués*, dont les restes ont été rencontrés à l'entrée de cavernes occupant le fond des vallées, et quelquefois au milieu des dépôts meubles, constituant dans certaines grottes les couches directement superposées à celles qui renferment soit le grand ours, soit le renne.

Les hommes ont appris à polir les pierres, ils ne les taillent plus qu'exceptionnellement ; ils connaissent l'agriculture, mais n'utilisent aucun métal.

APPLICATION

De l'Etude précédente aux alluvions quaternaires anciennes et aux cavernes à ossements de l'ouest de l'Europe.

Examinons si les mêmes divisions ne peuvent, je dirai même ne doivent pas être établies pour le reste de la France, ainsi que pour la Belgique et l'ouest de l'Allemagne. (1)

1° Dans les vallées de la Moselle, de la Meuse, de la Meurthe, de la Seille, de la Sarre, surtout dans ces deux dernières, gisent, dans les alluvions quaternaires anciennes, avec un grand nombre de coquilles fluviatiles ou terrestres, l'*elephas primigenius*, le *rhinoceros tichorhinus*, le *bos primigenius*, un *cerf*, le *renne*, le *cheval*, etc.

C'est sur les bords de la Moselle que se trouvent les nombreuses cavernes de Toul, étudiées par M. Husson, et dans lesquelles cet observateur a cru trouver les éléments suffisants pour soutenir la non contemporanéité de l'homme et des mammifères quaternaires éteints, *ours des cavernes, mammouth, rhinoceros, grand cerf, renne*, etc. Non-seulement les conclusions de M. Husson ne me paraissent pas exactement tirées, mais encore,

---

(1) Je ne prétends pas donner ici une étude de paléontologie stratigraphique complète. Après les éloquentes leçons, après les publications si lucides de l'illustre et érudit professeur du Muséum, on n'a qu'à s'incliner. Mais comme dans un cours où le génie, le savoir et une philosophie profonde guident la parole du maître, l'élève trouve une source intarissable d'idées justes, j'ai puisé dans celui de M. d'Archiac les idées générales que j'essaie de développer dans le travail présent, en m'aidant des recherches de mon vénéré maître.

d'après ses descriptions, les faits qu'il a observés concordent parfaitement avec la généralité de ceux que je décris.

En effet, les trous de Sainte-Reine et du Portique ont présenté
dans une argile, que l'auteur *croit* remaniée, sans en donner la
moindre preuve, l'*hyène*, l'*ours*, le *rhinocéros*, le *cerf*, le *renne*,
le *bœuf*, le *cheval*, le *mammouth*, etc., avec des *os fendus en
long*, avec des *esquilles paraissant appointies*, avec des *cendres et
du charbon*.

Au trou de la Fontaine, MM. Gaiffe et Benoît fils, ont trouvé
des débris d'industrie humaine, associés aux restes de l'ours, du
rhinocéros, de l'hyène, etc. Ces observateurs croient à la contemporanéité de l'homme, et de ces animaux, contrairement à
l'opinion de M. Husson, qui conclue ainsi, parce que les silex
taillés de cette station sont pareils à ceux de la surface des plateaux *qu'il regarde* comme post-diluviens. La raison de M. Husson me paraît au moins peu sérieuse, si ce n'est autre chose.

M. Husson cite dans les mêmes régions trois grottes, celles du
Géant, de la Grosse-Roche, des Fées, dans lesquelles existent
exclusivement des débris celtiques anciens : cailloux travaillés
en forme de tête de bête, ossements sciés, poteries celtiques, etc.

Ces observations montrent que parmi les cavernes situées sur
le cours de la Moselle, les unes contiennent la faune des alluvions quaternaires anciennes avec les débris de l'industrie humaine, les autres des restes sans doute préhistoriques. Il est
facile de prévoir que des cavernes dans lesquelles dominera le
renne seront tôt ou tard trouvées dans ces mêmes localités. (1)

(1) Ce n'est pas avec de simples observations de détail pour une seule
région qu'on peut arriver à des conclusions générales. En s'appuyant sur des
faits isolés pour dire que l'homme n'est pas le contemporain du *mammouth*,
du *grand ours des cavernes*, etc., on s'expose à des erreurs regrettables.
La généralité des faits observés prouve d'une manière incontestable que
l'homme et les débris de son industrie font partie intégrante de la faune
quaternaire ancienne. Si M. Husson et M. E. Robert n'avaient pas, le premier, tiré des conclusions fausses de faits judicieusement observés; le second,
erré dans des théories sans observations propres à les appuyer ; si tous deux
avaient étudié la question géologiquement sur un ensemble de bassins quaternaires, ils auraient à coup sûr changé leur manière de voir PRÉCONÇUE.

Sur le prolongement de la vallée de la Meuse en Belgique, où le long de cours d'eau qui sont ses affluents, Schmerling a décrit de nombreuses grottes contenant des débris de *grand ours*, de *grand chat*, d'*hyène des cavernes*, de *rhinocéros*, d'*éléphant*, etc., et des *ossements humains*, ainsi que des *traces d'industrie humaine*, qu'il regarde comme évidemment contemporains de la faune qu'il a si bien décrite.

En Belgique encore, M. Van Beneden a montré qu'il existait des excavations avec une faune différente de celle des cavernes explorées par Schmerling. Ces excavations sont situées à 40 mètres au-dessus du niveau actuel de la Lesse. Voici la liste des animaux déterminés par M. Van Beneden : « *ours* (pas le *spe-* « *læus*, il se rapproche plus de l'espèce actuelle), *bœuf, cheval,* « *castor, renne, glouton, chèvre,* plusieurs *carnassiers,* une « masse d'ossements de *poissons,* etc., un *crâne humain.* »

Ainsi, pour cette partie du nord de la France, il semble très probable qu'il a vécu, depuis le commencement de l'époque quaternaire, deux faunes complètement distinctes, l'une pareille à celle que contiennent les alluvions anciennes des cours d'eau actuels, l'autre contenant le *renne surtout,* à l'exclusion du grand ours, du grand chat des cavernes, de l'éléphant, du rhinocéros, etc. Les grottes de l'âge du *renne,* d'après M. Van Beneden, seraient situées assez bas dans les vallées. Il y a aussi dans cette région des grottes préhistoriques.

2° Dans le dépôt de gravier du fond de la vallée du Rhin, ou diluvium alpin, dépôt parfaitement comparable à celui qui occupe la partie inférieure des vallées du nord de la France et de la Belgique, comme il est dit et prouvé dans les leçons de M. d'Archiac, on trouve : l'*elephas primigenius,* le *rhinocéros tichorhinus,* l'*ursus spelæus* l'*hyena spelæa,* le *cervus eryceros,* l'*equus adamiticus,* le *bos priscus,* le *cervus priscus.*

Les grottes du versant français des montagnes du Jura et des Vosges, celles d'Echenoz au sud de Vesoul, de Fouvent-les-Bas près Champlitte, d'Osselles au sud de Besançon, de Sentenheim, au pied du ballon d'Alsace, visitées et étudiées par Buckland, Cuvier, M. Delbos, etc., ainsi que d'autres encore ayant fourni les ossements destinés à la reconstruction de l'ours fossile du Musée de Genève (1), contenaient la faune quaternaire également renfermée en partie dans les vallées du Rhin et de la Saône. Ainsi : l'*ursus spelæus* (plusieurs espèces réduites à deux, par M. Delbos), l'*hyène des cavernes*, le *felis spelæa*, le *linx*, le *cerf*, le *sanglier*, l'*éléphant*, le *rhinocéros*, le *cheval*, le *bœuf*, la *chèvre*, le *chien*, etc.

Si nous examinons aussi les grottes situées dans les vallées allemandes attenant à celles du Rhin, nous voyons que la plupart de ces grottes contiennent, comme les alluvions anciennes des cours d'eau qui sillonnent ces vallées secondaires, une faune correspondant à celle des alluvions anciennes du Rhin. Telles sont les grottes : de Gaylenreuth en Franconie, dans laquelle gisaient avec l'*ursus spelæus*, des *ossements humains* signalés par Esper; de Rabenstein, de Sundwich, de Kluterhohle en Westphalie; de Erpfingen en Wurtemberg, etc., etc., dont la faune est surtout composée par le *grand ours*, le *lion*, l'*éléphant*, le *rhinocéros*.

De même, sur les bords de la Saône, M. Canat a découvert, dans les grottes en face Tournon, un *éléphant* presque entier.

Dans les alluvions quaternaires anciennes de la Bourgogne et dans celles des pays voisins, la faune quaternaire ancienne est fréquemment signalée par MM. Raulin, Leymerie et autres. A 8 kilomètres au sud de Troyes, dans l'Aube, on a trouvé, dans les alluvions anciennes, l'*éléphant*, le *cheval*, le *grand cerf*. A Tonnerre, à Tronchoy, à Bouilly, etc., dans l'Yonne ; à Auxerre, près de Monetau ; au port de la Bourrière, près Cézy; à Sens, etc., l'*éléphant*, un *grand bœuf*, le *cheval*, l'*élan*, ont été retirés des alluvions quaternaires.

M. Rozet a signalé dans plusieurs grottes de la Bourgogne, entre autres à celle de Vergisson, des ossements fossiles de deux âges différents.

---

(1) Le musée de l'Ecole de médecine de Toulouse possède aujourd'hui un squelette de grand ours des cavernes, grâce aux soins du savant directeur de cette Ecole, M. le professeur Filhol.

La grotte d'Arcy ou des Fées, dans l'Yonne, a été explorée par M. de Vibraye. Les recherches de ce savant ont fourni des résultats très curieux. Dans la couche supérieure argilo-sableuse, gisaient les restes d'animaux vivant encore dans le pays. Une seconde couche sous-jacente était composée par une brèche argilo-sableuse rougeâtre avec les ossements du *renne* et de nombreux *silex taillés*. La couche la plus inférieure qui avait nivelé les inégalités du sol calcaire, de la caverne, renfermait : l'*ursus spelœus*, l'*hyena spelœa*, le *rhinoceros tichorhinus*, le *bos priscus*, l'*equus adameticus*; avec cela, des *couteaux de silex* et une *mâchoire humaine* parfaitement authentique, quoiqu'on ait essayé de dire le contraire.

Dans d'autres grottes de Bourgogne étudiées par Buffon, Perault, Demarest, Daubenton, récemment par l'ingénieur des mines Bonnard, par son collègue Belgrand, existaient : l'*ursus spelœus*, l'*hyena spelœa*, l'*elephas primigenius*, le *rhinoceros tichorhinus*, le *daim*, le *cerf*, le *chevreuil*, le *bœuf*, le *renne*, le *cheval*, l'*âne*. C'est aussi ce qu'ont prouvé les recherches, faites en 1853, par Robineau-Desvoidy.

Ainsi, dans le nord-est de la France et dans les régions voisines, il existe des cavernes contenant une faune exactement pareille à celle des alluvions quaternaires anciennes, et d'autres grottes avec une faune plus récente, gisant dans des dépôts différents de ceux qui contiennet l'ours des cavernes, l'éléphant, etc. La grotte des Fées ou d'Arcy, le prouve d'une façon péremptoire.

3° Les bassins du Rhône et de la Saône, ainsi que la partie de la Bresse s'étendant du pied des montagnes du Jura au Mâconnais et au Beaujolais, semblent composés d'un dépôt de cailloux roulés, sans doute glaciaire et jusqu'ici sans faune. Au-dessus serait une alluvion ancienne argilo-sableuse, avec cailloux roulés, dans laquelle auraient été trouvés les restes de mammifères quaternaires éteints, soit en France, soit en Suisse. Les ossements de *rhinocéros*, d'*éléphants*, etc., ont été découverts dans les vallées du Jura et de Neuchâtel. M. Gabriel de Mortillet les signale aussi dans les dépôts quaternaires de la London, près Genève; dans le canton de Vaud, dans l'Isère, dans ceux de Lauzanne ; au Boiron, près de Morges; à la Chiesaz, près de Vevay. Parmi les gisements authentiques de grands mammifères quaternaires en Suisse, il faut citer encore Dürnten, près Saint-Gall, dans lequel on a trouvé un crâne d'*elephas primigenius*.

Je ne crois pas qu'on ait jusqu'à présent décrit en Suisse des grottes avec la faune quaternaire ancienne, mais on y a découvert la grotte du mont Salève qui contenait en abondance les ossements du *renne*.

L'étude du versant méridional des Alpes porte une preuve de plus en faveur de la contemporanéité de la faune des alluvions quaternaires anciennes et de la faune de certaines cavernes. En effet, on a découvert dans le diluvium alpin de la plaine du Pô : l'*elephas primigenius*, le *megaceros*, d'autres *cerfs*, l'*urus*, d'autres *bœufs*, le *cheval*, l'*arctomys*. Dans le Milanais, dans le Vicentin, les mammifères fossiles des dépôts quaternaires anciens sont les mêmes que les précédents.

Dans le Vicentin, comme l'a rappelé Cuvier, il y a des grottes, par exemple celle du mont Serbaro à 12 kilomètres de Véronne, avec des os d'*éléphant* et de *ruminants*. Dans la caverne de Céré (Véronnais), gisaient : l'*ursus speløus*, le *loup*, le *sus priscus*, le *cerf*, le *bœuf*. Le premier de ces mammifères caractérisait la caverne de Salva dei Progno. En Piémont, la caverne de Cassana a présenté des restes de *felis*, de *cerfs*, d'*ursus speløus*. « Ces quelques citations, dit M. d'Archiac, suffisent pour montrer qu'au-delà des Alpes, comme en deçà, les fentes des rochers et les cavernes renferment les restes d'une faune de mammifères semblable à celle des dépôts quaternaires des vallées. »

Aux environs d'Antibes, vers le cap Gros, on a découvert, dans les calcaires secondaires, des fentes avec les restes de *chevaux* de grande taille, de *cerfs*, d'un *mouton*, etc. Près de Nice, dans des cavités du calcaire secondaire, Cuvier a reconnu des ossements de *lion* ou *tigre*, de *bœuf*, de *cerf*, d'*antilope*, de *mouton*, de *cheval*, de *tortue*. Il regarde cet ensemble comme aussi ancien que les ossements d'*éléphant*, de *rhinocéros*, contenus dans les dépôts meubles, ou que les os de carnassiers que renferment les limons de certaines cavernes. J'ai pu aussi étudier, à Morges, chez un savant suisse, M. Forel père (à la générosité duquel j'ai dû quelques échantilllons), les restes d'ossements fossiles de la grotte de Menton, qui semble bien appartenir à la période de la pierre polie.

4° Dans le Languedoc, pays où, nous l'avons déjà dit, les alluvions anciennes des cours d'eau contiennent la faune quaternaire ancienne, bon nombre de cavernes étudiées par Marcel de Serres, par MM. Tournal, de Christol, Paul Gervais, etc., renferment aussi le *grand ours*, le *grand chat*, l'*hyène des cavernes*, l'*éléphant*, le *rhinocéros*, le *grand cerf*, etc., etc. Ainsi l'ont prouvé de nombreuses recherches faites dans les cavernes de Pondres, de Pontil, de Minerve, de la Roque (Hérault). D'autres grottes, comme celle de Bize, contiennent les débris d'une faune caractérisée par le *renne* et par une série de mammifères complètement différents de ceux des cavernes à faune quaternaire ancienne.

L'homme et les restes de son industrie primitive ont été trouvés mélangés, d'une manière intime et sans remaniement, à ceux des animaux d'espèces éteintes, dans le plus grand nombre des cavernes que je viens de citer.

5° Les premières pages de ce travail ont montré ce qui a lieu pour les régions pyrénéennes. Les alluvions quaternaires anciennes des cours d'eau descendus des Pyrennées, ainsi que les grottes supérieures des vallées, contiennent les ossements du *grand ours*, du *grand chat*, de l'*hyène des cavernes*, du *rhinocéros*, de l'*éléphant*, etc., ainsi que les débris d'une *industrie humaine* tout à fait *primitive*. D'autres grottes, inférieures par rapport aux précédentes, renferment en abondance les dépouilles osseuses du *renne*, à l'exclusion de celles des grands carnassiers et des grands pachydermes précédents, en même temps que les produits d'une industrie humaine plus perfectionnée. Dans d'autres cavernes enfin, sont renfermés des *mammifères* pour la plupart *domestiqués*, et ressemblant beaucoup aux espèces qui vivent actuellement dans le pays ; le renne a complètement disparu, et l'industrie de cette époque a fait un sensible progrès. L'agriculture a pris un certain développement. Les métaux sont encore inconnus.

6° Si l'on remonte vers le nord de la France, en passant par l'ouest et par le centre, on voit que les observations de divers savants permettent d'arriver, pour ces régions, à des conclusions générales intéressantes.

Les alluvions anciennes du Lot ont roulé autrefois avec les cailloux et le lœss, les ossements du *mammouth*, du *rhinocéros*, du *bison europœus*, du *grand cerf*, etc. J'ai pu étudier ces espèces, la plupart recueillies par mon ami, M. H. Duportal, ingénieur des ponts et chaussées. Avec ce même savant, j'ai exploré, dans le département du Lot-et-Garonne, la brèche osseuse de Monsempron, sur les bords du Lot, située à 50 ou 60 mètres au-dessus du niveau de la rivière. Elle contenait, comme nous l'avons montré avec mon savant ami à l'Académie des sciences de Toulouse : le *grand ours*, le *grand chat*, l'*hyène des cavernes*, le *rhinocéros*, deux *chevaux*, dont l'un était l'*adameticus*, l'autre, encore indéterminé, paraissait moitié plus petit; l'*urus*, un *bœuf* plus petit, le *renne (fort rare)*, le *megaceros hibernicus*, le *castor*, le *lièvre*, deux petits *rongeurs*, le *loup*, le *renard*, etc. Avec les restes de ces mammifères, dont les os étaient tous cassés comme ceux des cavernes contemporaines dans l'Ariége, se trouvaient de nombreux *silex taillés*.

Dans le département du Lot, Delpont, puis Pomel, ont décrit la caverne de Brengue, sur la rivière de la Celle, tout près du Lot, à 16 kilomètres de Figeac, dans laquelle domine le *renne*, quelquefois accompagné de rares fragments osseux rapportés au *rhinocéros*. Le renne était tellement abondant dans cette caverne, qu'on y a trouvé les éléments suffisants pour résoudre d'une manière affirmative une question importante de paléontologie, à savoir si ce ruminant fossile était pareil à celui qui vit actuellement.

Dans le Tarn-et-Garonne, près de Bruniquel, la rivière de l'Aveyron (située entre le Lot et le Tarn, dont les alluvions contiennent la faune quaternaire ancienne) coule au milieu de roches jurassiques percées de nombreuses excavations, s'ouvrant presque toutes à 10, 15 ou 20 mètres au-dessus des plus basses eaux de la rivière. Ces cavernes contiennent en très grande abondance le *renne,* ainsi que de rares débris de *rhinocéros* et d'*hyène.* Les hommes qui avaient habité l'entrée de ces cavernes y avaient laissé, comme je l'ai prouvé déjà, dès 1862, avec M. H. Filhol et d'autres observateurs, les indices d'une industrie perfectionnée.

Dans la Gironde, les alluvions anciennes du fleuve que nous avons déjà vu à Toulouse, à Agen, à Moissac, etc., contenir l'*éléphant,* le *rhinoceros,* le *grand chat,* l'*hyène des cavernes,* le *bos primigenius,* le *megaceros hibernicus,* etc., sont augmentées des alluvions quaternaires anciennes de plusieurs autres cours d'eau importants et qui ont roulé des restes appartenant à cette même faune.

Au hameau de Soute, dans la Charente-Inférieure, les carrières de Piplart renfermaient de nombreux ossements de *tigre,* d'*éléphant,* de *rhinocéros,* d'*hyppopotame,* d'*aurochs,* de *daim,* d'*élan,* de *renne,* de *cheval,* de *chien,* etc., enfouis dans un dépôt d'alluvions de 1 mètre 50 centimètres divisé en plusieurs lits.

Dans le département de la Charente, comme l'a montré M. de Vibraye et comme l'ont aussi prouvé les MM. de Rochebrune, les stations de l'âge du renne abondent. Ces savants ont découvert, près d'Angoulême, un atelier *antédiluvien* de silex taillés dans le genre de celui du Grand-Pressigny ; ils ont aussi signalé, dans les alluvions de la Charente, des dents de *mammouth* et des os des membres ; ces derniers portaient des *entailles* produites par la main de l'homme.

Pour le Périgord, où les alluvions anciennes ont été signalées dans ces derniers temps comme renfermant la faune quaternaire ancienne, les recherches de MM. Lartet et Christy nous permettent de dire qu'il existe aussi, dans les cavernes de cette contrée, une faune caractérisée par l'abondance du renne et différente de celle des alluvions anciennes.

Il est important de suivre avec attention quelques détails donnés par ces savants.

La grotte du Pey-de-l'Azé est la seule qui leur ait fourni quelques ossements d'*ursus spelæus* mélangés avec ceux du renne. — La station des *Eyzies* renfermait un seul métacarpien

de *felis spelœa* présentant des traces nombreuses d'entailles et de rayures. Les débris du *renne* y étaient les plus nombreux.
— A Laugerie-Basse, il y avait des molaires disloquées d'éléphant et une portion de bassin. Ici encore les ossements du *renne* dominaient.

Malgré les caractères paléontologiques de ces trois grottes, MM. Lartet et Christy admettent que les matériaux trouvés par eux dans les cavernes du Périgord « appartiennent à une phase « intermédiaire, pendant laquelle le renne abondait dans l'ouest « de l'Europe, et dans laquelle le rhinocéros semble avoir com- « plètement disparu. »

Comme je l'ai fait à Bruniquel et dans d'autres stations du même âge, avec M. Louis Martin, MM. Lartet et Christy ont signalé dans les grottes du Périgord des ossements sculptés, gravés, appointis en forme de flèches, de harpons, des silex adroitement taillés.

La grotte de Miremont, au sud-est de Périgueux, était remplie par un limon rouge avec cailloux, dans lequel gisaient des ossements d'*ursus spelœus* et des *silex taillés*.

Pour la Limagne, l'Allier et le centre de la France, Pomel trouve que la faune quaternaire immédiatement superposée à la faune tertiaire serait contenue dans les dèpòts du fond des vallées, mélangée aux éboulis du flanc des collines, dans les fentes des travertins et des laves anciennes, ainsi que dans les grottes. La faune de ces dépôts se trouverait à la Tour de Boulade (Allier), à Champeix, à Peyrolles, Tormeil, Malbattu, Paix, Anxiat, Nescher, Coudes, la Maison-Blanche, Pardines, Issoire; plus loin, à Gergovia, Montpeyroux, Sarlive, Aubière, Saint-Privat (Haute-Loire), Chatelperon (Allier). Cette faune serait composée par l'*elephas primigenius,* le *rhinoceros tichorhinus,* l'*ursus spelœus,* l'*hyena spelœa,* un grand *felis,* un *chien,* deux *bœufs,* un *cerf,* etc. L'auteur y signale aussi l'existence de *l'homme fossile.*

Les alluvions quaternaires anciennes de la Loire contiennent, comme l'a montré M. Bourgeois, l'*ours,* l'*éléphant,* le *rhinocéros,* etc. Ces mammifères sont aussi à l'état fossile dans les cavernes situées sur les bords de ce fleuve.

Près Vallières-les-Grandes, au hameau des Caves, non loin d'Amboise, dans une cavité dont le sol était formé par trois couches, la plus inférieure renfermant les ossements les plus gros, M. Bourgeois a trouvé le *rhinocéros*, ainsi que l'*hyène*, le *grand chat des cavernes*, un *chien*, un *loup*, le *bos primigenius*, les *megaceros hibernicus*, etc., avec des *silex taillés*, pareils à ceux d'Amiens et d'Abbeville, disséminés à toutes les hauteurs.

Non loin de là, près Saint-Aignan, dans la vallée du Cher, il a trouvé, dans une fente de rocher, l'*elephas primigenius*, le *rhinoceros tichorhinus*, le *cheval*, le *loup*, etc.

Au-delà d'Angers, dans des cavernes, comme celle de Challones, on a découvert l'*ours*, l'*hyène*, le *rhinocéros*, le *cerf*, le *renne*, un *grand bœuf*, etc.

Dans les départements environnants, ceux de la Vienne et de l'Indre-et-Loire, au milieu d'alluvions quaternaires anciennes des affluents de la Loire et de celles de la vallée du Clain, près Saint-Benoît, existent de nombreuses et grandes sablières dans lesquelles on a recueilli des ossements d'*éléphants*, peut-être même d'*hyppopotames*, avec des *silex taillés* comme ceux de la vallée de la Somme.

Ce qui est on ne peut plus important, c'est que M. Gabriel de Mortillet a pu diviser les silex taillés de la vallée de la Claise en trois catégories distinctes correspondant à trois époques différentes :

« La première, la plus ancienne, est l'époque quaternaire ou « diluvienne ; c'est l'époque des silex ouvrés d'Abbeville et « d'Amiens. Les instruments de cette époque sont, » pour la vallée de Claise, « des haches aplaties, au pourtour ovoïde, « allongé, et des éclats grossiers en forme de scie. — La seconde « époque, de beaucoup postérieure, est celle des grandes lames « de silex, dont les *nuclei*, désignés sous le nom de *livres de « beurre* par les habitants de la campagne, sont disséminés en « abondance sur le sommet des plateaux. — La troisième épo- « que, assez intimément reliée à la seconde, est celle des silex « polis. »

Dans la même région, deux observateurs attentifs dont la franchise a été suspectée, MM. Brouillet et Meillet, ont décrit les nombreuses grottes du Poitou, y indiquant la présence de deux faunes qui paraissent complètement différentes de la faune des alluvions quaternaires anciennes des vallées, sur les limites desquelles ces grottes sont ouvertes.

Dans la commune de Gouex, les grottes de Bussières méritent d'attirer l'attention. Il y a trois cavernes superposées. L'inférieure contient le *renne* et de nombreux silex taillés. Dans la supérieure, M. Lartet a trouvé le *rhinocéros*. Des *ossements humains* et des *silex taillés* existaient dans toutes ces grottes.

Les cavernes du Chaffaud, surtout la plus vaste, ont présenté deux couches distinctes. Dans la couche inférieure abondaient les restes d'industrie humaine de l'âge du *renne* ; la couche supérieure contenait des instruments en *pierre polie* et des poteries anciennes.

A la seconde caverne du Chaffaud, malgré le remaniement fort hypothétique admis par MM. Brouillet et Meillet, il y a deux couches qu'ils distinguent très nettement : l'une supérieure avec des *haches polies,* l'autre inférieure avec des *silex simplement taillés.* Dans aucune d'elles n'existent des traces d'animaux.

La caverne de Lhommaizé, à 20 kilomètres vers l'est de Poitiers, a présenté à M. Mauduyt trois couches distinctes. La plus inférieure renfermait des ossements de *cheval,* de *bœuf,* de *cerf,* de *cochon,* etc., dont les espèces sont indéterminées (1), « complètement fossilisées ou mal conservées. » Dans la couche au-dessus étaient des débris mieux conservés appartenant au *tigre,* à l'*hyène,* au *chien,* etc. Enfin, les ossements de l'alluvion supérieure de la caverne sont à peine altérés et proviennent de moyens et de petits carnassiers dont les analogues vivent encore dans le pays. Les silex taillés sont répandus à toutes les hauteurs.

Dans le département de Loir-et-Cher, M. de Vibraye a signalé douze localités sur les bords de la Loire avec des silex taillés dans les alluvions quaternaires anciennes.

Ainsi pour le centre et pour l'ouest de la France, les faits que je viens de citer sont parfaitement concordants avec ceux que j'ai

---

(1) Ne serait-ce pas là les restes de mammifères tertiaires?

énumérés plus haut. En effet, certaines grottes contiennent la *faune des alluvions quaternaires anciennes*; dans d'autres, le *renne* domine; et des *animaux vivant* encore dans le pays, ont laissé leurs restes dans quelques-unes.

7º Remontant actuellement vers le nord de la France, et entrant dans la vallée de la Seine, nous verrons qu'au milieu d'alluvions quaternaires anciennes, Cuvier, Charles d'Orbigny, MM. d'Archiac, Lartet, Desnoyer, Hébert, Belgrand, de Verneuil, Gosse, etc., ont trouvé l'*elephas primigenius*, le *rinhocéros ticho-rhinus*, le *grand bœuf*, l'*hippopotame*, etc., avec de nombreux silex taillés du modèle de ceux d'Abbeville. Cette faune quater-naire ancienne a été indiquée aussi dans les cavernes du Bullot, au S.-O. de Chatillon-sur-Seine, par M. Baudouin, ainsi que dans des brèches osseuses des fentes du grès de Fontainebleau, à la Ferté-Alep, par exemple, où gisaient les ossements de l'*ours*, de l'*hyène*, de l'*éléphant*, du *rhinocéros*, du *cheval*, du *castor*, du *bœuf*, de l'*aurochs*, du *cerf*. On a aussi trouvé la même faune à Etampes et dans la forêt de Fontainebleau. Dans les puisards naturels du calcaire grossier de Bicêtre, ont été signalés le *tigre*, le *lion*, l'*éléphant*, le *rhinocéros*, le *sanglier*, le *cheval*, le *che-vrotin*, etc.

C'est à de grandes espèces de carnassiers, de pachydermes et de ruminants, qu'appartiennent, comme l'a dit M. Desnoyer, d'autres gisements de la plaine de Saint-Denis. D'un autre côté, les grottes de Montmorency ont présenté à M. Desnoyer et à Constant-Prévost : le *blaireau*, la *belette*, le *putois*, la *martre*, la *taupe*, le *hérisson*, la *musaraigne*, le *campagnol*, le *hamster*, le *sphermophile*, le *lagomys*, le *sanglier*, le *cheval*, le *renne*, le *cerf*, etc.

Dans les vallées de l'Oise et de la Somme, les alluvions qua-ternaires anciennes contiennent, d'après MM. d'Archiac, Butteux et Boucher de Perthes, les débris de la faune quaternaire an-cienne. Voici la liste des mammifères composant cette faune dans les régions que je viens de citer, et donnée par M. le professeur d'Archiac : *bos primigenius, cervus tarandus, cervus somonensis, elephas primigenius, equus fossilis, felis spelæa, hyena spelæa, rhinoceros thichorinus*, *ursus spelæus* (1). Tout le monde sait aujourd'hui que dans la vallée de la Somme, à Abbeville et à Amiens, sont les gisements classiques de l'industrie de l'homme contemporain de la faune quaternaire ancienne.

J'arrête ici l'énumération des faits que je voulais faire ressortir pour le reste de la France, comme je l'ai fait pour les Pyrénées.

Dans l'est, le centre, l'ouest et le nord de la France, les différences d'altitudes n'ont pas encore été observées pour les grottes contenant la faune des alluvions quaternaires anciennes et pour celles dont les dépôts renferment une faune plus récente. Malgré cela, il n'en reste pas moins démontré que, lorsque deux faunes sont superposées dans la même caverne, la faune des *grands carnassiers* et des *grands pachydermes* occupe toujours les *dépôts inférieurs*. *Au-dessus* repose la faune dans laquelle domine *le renne*, ou bien celle que composent les *animaux vivant* encore dans le pays. Cette dernière repose, tantôt sur les couches à ossements d'ours, tantôt sur les dépôts avec ossements de renne ; elle n'a jamais été trouvée au-dessous de ces dernières.

Il m'est donc permis de conclure d'une manière générale, pour les régions que je viens d'examiner dans ce chapitre, comme je l'ai fait pour les Pyrénées :

1° Que certaines cavernes possèdent une faune complètement la même que celle des alluvions quaternaires anciennes, caractérisée surtout par l'*ours des cavernes*. A cette faune correspondent les produits bien primitifs de l'industrie humaine.

2° Qu'il existe aussi d'autres cavernes avec une faune différente de celles des alluvions quaternaires anciennes plus récente qu'elle, et contenant en abondance les ossements du *renne*. Un grand progrès de la civilisation, pendant l'habitat des cavernes à cette époque paléontologique, est accusé par le fini des instruments en os et en pierre taillée que l'on trouve associés aux débris du renne et des autres mammifères contempo-

(1) M. Lartet ne pense pas que l'*ursus spelæus* face partie des ossements trouvés jusqu'ici dans ces alluvions.

rains. Ces restes sont quelquefois directement superposés dans la même caverne à ceux de l'époque précédente.

3° Enfin, que les couches supérieures aux précédentes contiennent, dans certaines cavernes, les débris *d'animaux semblables à ceux qui vivent encore dans le pays,* ainsi que les restes d'une industrie humaine indiquant une civilisation encore plus avancée que celle des âges précédents, se rapportant sans doute à la période dite antéhistorique ou de la pierre polie.

La grotte d'Arcy, dans l'Yonne, décrite par M. de Vibraye, contenait les preuves incontestables de l'existence des trois époques que je viens de décrire. J'ai indiqué le même résultat dans la grotte du Maz-d'Azil (Ariége.) Ces deux cavernes sont donc les deux points de repère les plus parfaits et les plus concluants pour juger l'époque quaternaire au point de vue géologique, paléontologique et anthropologique.

ÉTUDE CHRONOLOGIQUE

Des mammifères composant la faune quaterternaire ancienne, pour servir de base à l'histoire géologique de l'homme.

Discutons maintenant les faits qui viennent d'être énumérés.

Il est inutile d'insister sur la valeur des mots *Cataclisme* et *Déluge*, que j'ai évités avec intention dans ce travail. Ce sont là des imperfections de notre langage géologique, auxquelles il faudrait à jamais renoncer. Ces mots, le second surtout, ne servent qu'à donner une idée complètement fausse des phénomènes que l'on veut expliquer.

Il est parfaitement reconnu, aujourd'hui, que les mouvements du sol et les phénomènes vitaux qui ont leur siége à la surface de la terre, s'accomplissent avec une lenteur extrême. Insensiblement à notre époque, comme de tout temps, la croûte solide de notre sphère s'abaisse ou s'élève, se plisse, se contourne en suivant des directions données, comme l'a irrévocablement montré M. Elie de Beaumont. Insensiblement aussi des modifications dans les espèces, des extinctions partielles ou générales ont fait, font et feront encore subir à la faune de notre planète des changements destinés à ne s'arrêter qu'avec l'anéantissement des forces actives qui régissent notre globe.

Pour appuyer cette manière de voir, il n'y a qu'à jeter les yeux sur les résultats obtenus dans leurs études par divers paléontologistes, et principalement sur ceux que donne M. Deshayes, pour le bassin tertiaire de la Seine. On voit les espèces passer de l'un des quatre groupes admis dans l'autre, cela pour un peu moins du tiers des 7044 espèces d'acéphales qui existent dans ce bassin géologique si bien connu. De même les recherches de M. de Barande, sur les terrains siluriens de la Bohême, montrent la durée des mêmes espèces de mollusques pendant plusieurs phases géologiques d'une même époque.

Les progrès journaliers de la géologie, de cette science, véritable océan que l'espace seul limite, prouvent les vérités précédentes que d'illustres savants ont soutenu de leur voix bien autorisée.

Pour ne pas étendre inutilement le champ de cette démonstration, je dirai de suite que la faune quaternaire, si bien décrite par M. Lartet, a été énumérée par ce savant de la manière suivante, en conservant aux espèces leur rang d'ancienneté : *ursus spelæus, hyena spelæa, felis spelæa, elephas primigenius, rhinoceros tichorhinus, megaceros hibernicus, cervus tarandus, aurochs, urus.*

L'éminent paléontologiste que je viens de citer, croit donc que les animaux composant la faune quaternaire ont disparu, c'est-à-dire se sont insensiblement éteints dans l'ordre précédent. Il a établi d'après cela, pour l'étude de la contemporanéité de l'homme et de ces espèces quaternaires, quatre âges, à savoir : *l'âge de l'ours, l'âge de l'éléphant, l'âge du renne, l'âge de l'aurochs,* qui auraient été suivis des trois périodes antéhistoriques des archéologues : celle de la pierre polie, celle du bronze, et enfin celle du fer.

En divisant ainsi l'époque quaternaire, M. Lartet a établi un ordre rationel qui devait amener, au point de vue des découvertes relatives à l'antiquité de l'homme, les résultats précieux atteints jusqu'ici.

Mais des modifications, comme le prévoyait M. Lartet, devaient plus tard survenir dans les divisions que lui avait dicté son génie observateur. Ces modifications, je les signalerai après avoir donné une nouvelle étude sur la marche d'apparition et de disparition des mammifères de l'époque quaternaire ancienne.

1° L'*ursus spelæus* est le mammifère le plus ancien de l'époque quaternaire. Ses restes ont été trouvés dans les dépôts pliocènes, près Bacton, en Norfolk, et en Auvergne. Pomel le cite dans les atterrissements de Champeix, antérieurs aux alluvions quaternaires anciennes. On le trouve, comme le prouvent les pages précédentes, dans bon nombre de dépôts d'alluvions quaternaires anciennes, dans quelques grottes d'Angleterre, de Belgique, d'Allemagne, de Sibérie, etc., généralement dans les cavernes élevées des vallées pyrénéennes.

Le grand ours des cavernes est le carnassier qui s'est propagé le moins longtemps après le dépôt des alluvions anciennes des vallées et après l'époque du remplissage des cavernes qu'il caractérise. M. Lartet ne l'a signalé qu'une seule fois dans une caverne du Périgord avec la faune de l'âge du renne.

2° Le *felis spelœa* n'a pas encore été observé dans le pliocène. Comme je l'ai indiqué plus haut, d'après de nombreux observateurs, les alluvions quaternaires anciennes de plusieurs localités de l'Europe le contiennent fréquemment. M. Delesse l'a trouvé à Ver (Seine-et-Oise), dans un gisement un peu plus récent que les assises inférieures du diluvium, avec des os façonnés de main d'homme. M. Noulet l'a signalé dans un dépôt sous-thermien du vallon de l'Infernet, sur les bords de l'Ariège, avec de nombreux débris d'industrie humaine. Ce grand carnassier est associé d'une manière à peu près constante à l'*ursus spelœus*, dans les cavernes des hauteurs des vallées pyrénéennes. M. Lartet ne le signale aussi qu'une fois, comme le grand ours, dans les cavernes du Périgord.

3° L'*hyena spelœa* n'a pas été jusqu'ici distinguée avec assez de soin des autres espèces, dont on a retrouvé les restes dans diverses cavernes de la France.

Comme le dit M. Lartet, « il serait intéressant de rechercher « si l'*hyena spelœa*, autant qu'il sera possible de la distinguer de « l'*hyène du Cap*, n'aurait pas été une espèce éteinte, propre au « centre et au nord de l'Europe, tandis que les deux espèces « encore vivantes en Afrique (*H. vulgaris, H. crocuta*) se « seraient à la même époque avancées jusqu'en Sicile, en Espa- « gne, et même l'une d'elles, au moins l'hyène rayée, sur le ver- « sant septentrional des Pyrénées. »

Pour ma part, je ne serais pas éloigné de croire qu'une hyène
autre que la *spelœa* a habité les Pyrénées en même temps que
l'ours des cavernes. J'ai assez régulièrement trouvé deux espèces
d'hyènes, comme je l'ai dit plus haut, dans mes recherches.
MM. de Serres, Dubreuil et Jean-Jean citent dans le Languedoc,
avec l'*hyena spelœa*, deux hyènes, la *H. prisca* et *H. intermedia*,
qui, très probablement, n'en font qu'une ; et jusqu'ici l'*hyena spelœa* est la seule rencontrée dans le centre et le nord de la France,
ainsi qu'en Belgique et en Angleterre, pendant l'époque quaternaire ancienne.

Il pourrait très bien se faire que cette seconde espèce d'hyène,
encore indéterminée, ait été réellement spéciale au midi de la
France, peut être aussi à l'Espagne. Un autre carnassier se trouve
localisé de la même manière qu'elle. Je veux parler de la seconde
espèce de *felis*, signalé, au sujet de la grotte Bouichéta, que j'ai
retrouvé depuis dans celles de Lherm et de Loubens, et sur
lequel il est difficile encore de se prononcer. Ce *felis*, d'une taille
bien inférieure à celle du *spelœus*, n'a pas été cité dans les cavernes du centre et du nord de la France. M. Paul Gervais indique
un chat trouvé dans les cavernes du Languedoc par Marcel de
Serres, qu'il a lui-même étudié, et qui paraît bien inférieur
en taille au *felis spelœa*. Il n'est pas encore possible de dire si
l'espèce dont parle M. Paul Gervais et celle que j'ai fait connaître
sont les mêmes. Ce qui paraît possible, c'est que ce *felis* ait spécialement habité le midi de la France pendant l'époque quaternaire ancienne.

Quoi qu'il en soit, l'*hyena spelœa* n'a pas été observée dans les
terrains tertiaires, même les plus récents. Elle est associée à
l'*ursus spelœus*, au *felis spelœa*, au *mammouth*, au *rhinoceros*, etc., dans les alluvions quaternaires anciennes, et elle a
aussi laissé ses ossements dans les grottes dont la faune corres-
pond à celle des alluvions. Dans certaines de ces grottes, à Bouichéta par exemple, l'*hyena spelœa* était plus abondante dans les
couches supérieures que dans les inférieures.

Ce carnassier paraît avoir vécu plus longtemps que ses compa-
gnons de l'époque quaternaire ancienne, car on rencontre ses

ossements quelquefois en assez grand nombre dans certaines cavernes de l'âge du renne : ainsi à Bruniquel, dans quelques grottes du centre et de l'ouest de la France, comme celle de Charroux sur le bord de la Charente, dans quelques-unes de celles du Périgord et du Poitou.

4° *Elephas primigenius*. Ce proboscidien n'a pas laissé son squelette dans les terrains tertiaires supérieurs de l'Europe occidentale. Il accompagne presque toujours, dans les alluvions quaternaires anciennes, l'*ursus spelæus*, quoiqu'il ait apparu plus tard que ce dernier mammifère.

Les régions habitées par le mammouth, probablement comme le pense M. Lartet, à des époques successives, sont très étendues, puisqu'il a laissé ses restes depuis l'extrémité de la Sibérie jusqu'aux limites de l'Europe vers l'occident, et même en Italie, comme l'ont prouvé MM. Eug. Sismonda (de Turin) et Ponzie, professeur à l'Université de Rome.

En France, ce sont les dépôts anciens du fond des vallées qui sont surtout riches en débris fossiles de mammouth. On l'y trouve associé à des restes d'industrie humaine. Ainsi à Amiens, à Abbeville, à Paris, dans le Périgord, dans plusieurs autres localités du centre, du sud et de l'ouest de la France. Dans les cavernes, il gît avec l'*ursus spelæus*, le *rhinoceros tichorhinus*, le *felis*, l'*hyène des cavernes*, etc. On a signalé quelques rares débris de molaires de mammouth dans des grottes de l'âge du renne, du Périgord, du Poitou, etc. Quant à des ossements, il y en a à peine des traces. Aussi il est permis de se demander si, dans ces cas, la contemporanéité de l'ours des cavernes, de l'éléphant et du renne, pendant le temps où ce dernier mammifère dominait dans la France, est bien établie. Pour ma part, je ne le pense pas. Je ne serais pas éloigné de croire que les lames de molaires d'éléphant, gisant dans les grottes de l'âge du renne, ont été portées là comme objet de curiosité, ou pour être employées à la fabrication d'un outil ou d'une arme, mais que ces lames provenaient de molaires de mammouths déjà fossilisés, à l'époque où le renne abondait dans le centre de la France.

Ainsi le mammouth, apparu en Europe après l'*ursus spelæus*, aurait disparu peu après lui, peut-être en même temps, pendant une même période.

5° Le *rhinoceros tichorhinus* n'existait pas dans l'Europe occidentale pendant l'époque pliocène. Il paraît être le compagnon inséparable du mammouth, pendant toute la durée de l'existence de ce dernier. Il a vécu avec lui dans les immenses forêts de la Sibérie; on les retrouve tous deux dans les alluvions quaternaires anciennes de l'Europe, et l'homme a cassé ses os et mangé sa chair à l'entrée des cavernes du haut des vallées pyrennéennes, pendant que l'*ursus spelœus*, l'*hyena spelœa*, le *felis spelœa*, le *mammouth*, etc., vivaient sur le revers septentrional des Pyrénées.

Le rhinocéros parait avoir vécu plus longtemps que le mammouth, car on l'a retrouvé plus souvent et plus régulièrement dans certaines cavernes où le renne domine. MM. Lartet et Christy l'ont signalé dans certaines cavernes du Périgord, du Poitou; j'ai indiqué, d'après M. Lespès, son existence à Bruniquel.

6° Le *megaceros hibernicus* a été rencontré en Angleterre dans les couches pliocènes qui paraissent devoir être rapportées au niveau du Crag de Norwich; sa première apparition remonte donc au-delà de la période quaternaire. M. l'abbé Lambert a trouvé à Viry-Noureuil, dans la vallée de l'Oise, le *megaceros hibernicus* associé à l'*elephas antiquus*, que nous verrons plus loin être plus ancien que le *primigenius*, à l'*elephas primigenius*, au *rhinoceros tichorhinus*, à l'*hippopotame*, au *renne*, au *bœuf musqué*. La tranchée du canal de l'Ourcq a fourni une portion de crâne de *megaceros hibernicus*, présentant des entailles produites par l'homme; il était associé à des dents d'*elephas primigenius* et à des ossements d'*aurochs* portant des traces de travail humain. M. Noulet a aussi trouvé le grand cerf dans le gisement de Clermont. Je l'ai rencontré pour ma part à Lherm et dans la vallée du Salat, près Saint-Giróns, etc. L'amiral Wauchoppe, dans son travail sur la période glacière, affirme qu'il a vu « un marteau de pierre encore enfoncé dans le crâne de l'un de ces animaux, et aussi des têtes d'autres individus perforées par la même sorte d'arme. » Ce cerf gigantesque est improprement appelé cerf des tourbières, car ses ossements se trouvent plutôt dans les marnes coquillières, sur lesquelles reposent les tourbières, que dans les tourbières elles-mêmes comme on l'a dit avant moi.

Ainsi que je viens de le prouver, le *megaceros hibernicus* est très ancien parmi les mammifères de l'époque quaternaire, puisqu'il a déjà existé avec le grand ours pendant la période plio·cène. Mais de ces deux mammifères, le ruminant semble avoir perpétué son espèce plus longtemps que le carnassier. En effet, tandis que celui-ci n'est plus représenté dans la faune contemporaine du renne, celui-là est encore signalé dans la plupart des grottes rapportées à la troisième époque paléontologique de M. Lartet, dans le Périgord, dans le Poitou, dans le Tarn-et-Garonne. Je l'ai signalé à Massat, au Mas-d'Azil, etc. C'est donc pendant l'époque du renne qu'a dû s'éteindre le *megaceros hibernicus,* car on ne le trouve plus avec les animaux domestiqués de l'époque préhistorique.

7° Le *cervus tarandus* ou *renne* semble avoir apparu en même temps que l'*elephas primigenius*, et il s'est maintenu bien longtemps dans l'Europe centrale et occidentale. Ses débris se trouvent, dans toutes les assises diluviennes, associés en petite quantité à ceux des mammifères précédents, mais très abondants dans certaines cavernes de France et d'Angleterre.

Le *renne* a été signalé, par MM. Lartet et Christy, comme caractérisant un grand nombre de grottes du Périgord. MM. Meillet et Brouillet ont publié des recherches d'après lesquelles il est facile de voir que le *renne* abondait dans l'ouest de la France, dans la région qui plus tard devait être le Poitou, à une époque où les grands pachydermes et les grands carnassiers quaternaires étaient déjà éteints. Avec mon ami, M. Louis Martin, nous l'avons indiqué comme caractérisant les grottes de Bruniquel, de Lourdes, d'Espalungue, etc. M. de Vibraye l'a trouvé dans l'assise moyenne du sol de la caverne d'Arcy. Je l'ai trouvé très abondant dans les couches de la grotte du Maz-d'Azil, immédiatement superposées à celles qui renfermaient les ossements d'ours, de grand chat, de rhinocéros, de mammouth, etc. Dans la caverne de Savigné (Vienne), M. Joly-Leterme a signalé, comme très nombreux, les débris du cerf et du renne. Les cavités et les fissures de certaines localités situées dans le bassin de la Loire et de la Seine, ont fourni à Constant Prévost, à M. Desnoyer et à d'autres savants déjà cités, de nombreux ossements de renne. La grotte du mont Salève, près Genève, les cavités de la vallée de la Lesse, en Belgique, explorées par M. Van Beneden, contenaient en abondance les débris osseux du renne. D'après M. Steenstrup, les kjoekkenmoddins de Danemark renferment les ossements de ce ruminant.

Les dépôts sous-lacustres des pilotis de l'âge de la pierre suisse, les crannoges d'Irlande, les terremare d'Italie, les cavernes de l'âge de la pierre polie que j'ai découvertes depuis deux ans dans les Pyrénées ariégeoises, celles de la même époque décrites depuis par M. Paul Gervais, n'ont pas présenté la moindre trace d'ossements de renne.

Il est aujourd'hui parfaitement reconnu que le renne a quitté l'ouest de l'Europe depuis des temps très reculés. Lorsque les légions romaines s'avancèrent, pendant la conquête des Gaules, dans la forêt hercynienne, on pouvait y marcher pendant soixante jours sans rencontrer la fin de cette immense plaine boisée et sans trouver de renne. César ne parle de ce mammifère que d'après les vagues renseignements que lui fournirent les Germains.

Les Gaulois n'ont pas figuré le ruminant dont je parle sur leurs monnaies, tandis qu'ils représentaient le lion dont ils avaient emprunté l'image aux médailles grecques.

On sait aujourd'hui, d'après les minutieuses recherches de Cuvier, que Gaston Phœbus, comte de Foix et seigneur de Béarn, avait fait, en 1357, un voyage en Prusse, et de là en Scandinavie pour chasser les Rennes ou Rangiers qui n'existaient pas dans le sud de l'Europe.

Ainsi, d'après les explications précédentes, il est permis de croire, avec M. Lartet et Christy, que le renne a vécu en abondance dans le centre et dans l'ouest de l'Europe à une époque où les grands pachydermes et les grands carnassiers, qui ont peuplé de leurs ossements les alluvions quaternaires anciennes, étaient déjà en très grande partie éteints.

8° Le *Bison Europœus* ou *Aurochs*, paraît avoir précédé l'*elephas primigenius*, et avoir été contemporain de l'*ursus spelœus*, avant l'époque quaternaire ancienne. On l'a rencontré, en effet, en Angleterre, dans plusieurs gisements pliocènes, et en Auvergne, dans des dépôts antérieurs au *diluvium* proprement dit. Il a été trouvé dans le canal de l'Ourcq avec le *grand cerf* d'Irlande et l'*elephas primigenius*. Je viens, pour ma part, de le retrouver dans des cavités remplies par les alluvions anciennes du Salat (Pyrénées ariégoises) avec un ensemble complet de la faune quaternaire. Ses ossements étaient très abondants, il y avait un crâne entier. Ce grand bœuf accompagne le renne dans toutes les grottes que celui-ci caractérise. Aussi, je ne pense pas, à cause de cela, que l'aurochs puisse servir à caractériser une époque paléontologique spéciale pendant la durée de la période quaternaire ancienne. On a trouvé quelques ossements appartenant à ce bœuf dans les pilotages suisses, il y en a dans les kjoekkenmoddings de Danemark. L'aurochs vit aujourd'hui à l'état sauvage dans les forêts de la Lithuanie.

9° Le *bos primigenius* ou *urus* se montre, pour la première fois, dans les assises inférieures du *diluvium*; il existe aussi dans plusieurs cavernes à faune quaternaire ancienne et dans celles de l'âge du renne. J'en possède de magnifiques spécimens venant de la caverne de Bouichéta. L'*urus* se montre fréquemment dans les tourbières de la Somme et dans celles de la Suède; on en cite un squelette présentant une blessure faite par une flèche de silex. Les restes de ce grand bœuf sont très nombreux dans les kjoekkenmoddings de Danemark.

Les habitations lacustres et les grottes de l'âge de la pierre polie ont fourni de nombreux ossements d'un bœuf petit, domestiqué, que M. Rutimeyer a rapporté à la race *primigenius*, et qui me semble pouvoir être considéré comme le descendant de l'*urus*.

On a trouvé un crâne et des cornes d'*urus* dans un tumulus du Wilshire downs. César a très bien décrit ce mammifère, qui vivait de son temps dans la forêt hercynienne. Il en est aussi question dans la chronique de Saint-Gall (xe siècle) et dans le poème des Niebelungen (xiiie siècle). Depuis César, l'*urus* s'est insensiblement éteint.

10° L'*equus adameticus* ou *cheval fossile* rencontré dans les alluvions quaternaires anciennes, n'a offert au célèbre naturaliste de Bâle, à M. le professeur Rutimeyer, aucune ressemblance avec les chevaux tertiaires et pas de différence avec le cheval actuel. On rencontre, soit dans les cavernes, soit dans les alluvions quaternaires anciennes, une seconde espèce de cheval. Celui-ci est a peu près moitié plus petit que l'*adameticus*, il n'est ni décrit ni nommé dans aucune nomenclature. Pour ma part, je l'ai rencontré à Lherm, à Bouichéta, à Miguet, près Saint-Girons, à Monsempron (Lot-et-Garonne), etc.

L'espèce cheval semble avoir pris un développement considérable entre l'époque où dominaient le grand ours des cavernes, ainsi que les autres mammifères des alluvions quaternaires anciennes, et l'époque où le renne peuplait l'ouest de l'Europe. A Bruniquel, sous les couches de l'âge du renne, que j'ai pu explorer avec mon savant ami M. Louis Martin, était une assise composée d'une manière à peu près exclusive d'ossements, et surtout de dents et de mâchoires de chevaux. Elle était à 3 mètres environ au-dessous de la surface du sol (1). A Espalungues (Basses-

(1) Malheureusement un propriétaire, dans un but commercial avec l'Angleterre, a fait vider cette grotte sans constater l'état stratigraphique des couches composant le sol. Nous avons pu, avec MM. Louis Martin et Trutat, sauver la coupe, comme l'a dit M. Milne Edwards, jusqu'à plus de 3 mètres de profondeur.

Dans ce moment, un vandalisme pareil à celui de Bruniquel, espérons que c'est dans un autre but, a lieu dans les grottes de la vallée de Tarascon (Ariége), dont je revendique la découverte avec mes deux amis MM. Rames et H. Filhol. Un ordre donné, non par les chefs supérieurs de l'administration forestière, trop intelligents et trop bienveillants pour en arriver là, a défendu depuis le commencement de l'hiver l'entrée des grottes à tout savant étranger, même aux inventeurs, désirant y opérer des fouilles. Saisie a été faite pendant plusieurs mois, à notre savant confrère le professeur Noulet, des objets recueillis à Sabart. Des ouvriers, sous les ordres d'un *directeur des contributions indirectes* résidant à Foix, et n'ayant jamais visité lui-même les

Pyrénées), à Lourdes (Hautes-Pyrenées), nous avons cru recon-
naître, avec M. Louis Martin, le commencement de l'âge du
renne. Le cheval était on ne peut plus abondant dans ces cavernes. MM. Lartet et Christy le donnent comme étant, pour les
habitants des grottes du Périgord, pendant le temps où le renne
y abondait, un aliment de prédilection. Les ossements, très-
nombreux du cheval, étaient cassés comme ceux du renne et des
autres espèces utilisées pour la nourriture.

Dès que l'on entre dans la période de la pierre polie et que
l'on examine la faune des habitations lacustres, ainsi que celle
des grottes préhistoriques, on trouve le cheval peu abondant.
La seule caverne dans laquelle nous en ayons retrouvé des
traces un peu importantes est celle de Castel-Andry dans la
vallée de Tarascon, au pied du village de Bédeilhac; mais la
quantité d'ossements que j'ai retirés de cette caverne n'est rien
par rapport à la masse de ceux provenant des grottes dont le
renne caractérise la faune.

Je suis loin de donner les faits que je viens de citer comme
décisifs, mais ils peuvent *laisser supposer* que le cheval a été
très abondant un peu avant ou pendant l'âge du renne, et ils
pourront servir de point de repère provisoire à d'autres observateurs.

11° Le *castor* a existé, dans le temps où vivaient les grands
pachydermes et les grands carnassiers de l'époque quaternaire
ancienne, à Monsempron, à Miguet, etc., et il s'est propagé jusqu'à notre époque, sans être très abondant, pendant l'âge du
renne, et ayant aussi été trouvé dans les pilotis de la Suisse, mais
jamais encore dans les cavernes contemporaines des pfahlbautens.

Ce rongeur pourrait donc avoir disparu de l'ouest et de la
région pyrénéenne en France avant l'époque antéhistorique.

---

travaux, M. DELAHAUT, *collectionneur aussi avide que dépourvu de connais-
sances géologiques et paléontologiques,* opèrent, sans intelligence de la chose
et sans les précautions classiques, des fouilles regrettables pour la science. *Averti
à temps,* on aurait dû prévenir la seconde édition, dans le midi, d'un drame
scientifique déplorable, dont je laisse au monde savant le soin de juger les acteurs.

Du reste son histoire ne peut encore nous être très utile, car les gisements dans lesquels il a été trouvé sont rares.

Par les considérations précédentes, on peut voir que l'apparition en Europe des grandes espèces de mammifères que je viens d'énumérer n'a pas été simultanée, et que leur extinction ou migration, comme l'a montré M. Lartet (1), a bien été successive.

Je crois donc que les grands mammifères de l'époque quaternaire ancienne doivent être inscrits dans l'ordre suivant, d'après leur rang d'ancienneté : *ursus spelæus, megaceros hibernicus, bison Europæus, felis spelæa, hyena spelæa, elephas primigenius, rhinoceros tichorhinus, cervus tarandus, bos primigenius, equus adameticus* ou *caballus.*

Cette liste s'éloigne un peu de celle de M. Lartet, puisque le grand cerf d'Irlande et l'aurochs sont transportés de la fin au commencement.

Quoique je n'aie fait entrer, ici, en ligne de compte que les grands mammifères fossiles de l'époque quaternaire ancienne, sans m'occuper des petits, je pense être cependant dans le vrai pour les divisions que je vais bientôt proposer. En effet, d'après ce qui se passe aujourd'hui à la surface du globe, et d'après ce qui est admis par la plupart des naturalistes, plusieurs grandes espèces de mammifères n'habitent pas généralement ensemble

(1) Lorsque M. Lartet a fait ses quatre divisions de la période quaternaire ancienne en âge de l'*ours*, âge de l'*éléphant*, âge du *renne*, âge de l'*aurochs*, il s'appuyait sur un ensemble de faits bien plus restreints que ceux décrits actuellement. Aussi, la tâche était-elle difficile à accomplir. Mais le savant observateur, guidé par son génie et par son savoir, a néanmoins établi sa division avec toute la justesse et l'habileté possibles alors.

Aujourd'hui des éléments nouveaux sont venus s'ajouter à ceux existant déjà, pour la description des terrains quaternaires. Ce sont : dabord un plus grand nombre d'observations sur les cavernes; puis la comparaison de la faune des alluvions quaternaires anciennes avec les diverses faunes des cavernes; la superposition stratigraphique dans un même lieu, soit de cavernes contenant des faunes différentes, soit de couches avec faunes diverses, suivant la profondeur dans le sol d'une même grotte; puis encore la découverte de cavernes avec animaux domestiqués; enfin, la comparaison des débris d'industrie humaine et des restes de l'homme lui même, enfouis dans des couches alluviennes non remaniées et contenant la faune quaternaire ancienne.

la même région. Ainsi, en Afrique, il n'y a qu'une seule espèce d'éléphant, de rhinocéros, d'hippopotame, etc. Dans l'Inde, de même. On peut donc regarder ces grands mammifères comme caractéristiques des époques pendant lesquelles ils ont vécu.

En étudiant les types de mammifères que j'ai énumérés, au point de vue de leur *disparition* dans l'ouest de l'Europe et surtout en France pendant l'époque quaternaire, les faits cités dans plusieurs points de mon travail indiquent que l'ordre donné dans la liste d'apparition doit être en partie changé. Je trouve qu'il faut classer les espèces dans l'ordre suivant :

Ursus spelœus, elephas primigenius, rhinoceros tichorhinus, felis spelœa, hyena spelœa, megaceros hibernicus, cervus tarandus, bos primigenius, equus adameticus, bison Europœus.

Ainsi, pour la France : 1° l'*ursus spelœus* aurait été le premier à disparaître avec le *rhinoceros tichorhinus,* l'*elephas primigenius,* le *grand chat,* l'*hyène* et le *grand cerf d'Irlande,* après avoir eu un développement considérable pendant l'époque quaternaire ancienne, comme l'attestent les nombreux débris de ces animaux gisant dans les alluvions quaternaires anciennes, dans la série des cavernes supérieures des vallées, ou bien encore dans les couches inférieures des cavernes remplies à diverses époques.

2° Le renne (*cervus tarandus*), qui avait déjà existé, mais peu abondant, pendant l'époque quaternaire ancienne, aurait acquis après l'extinction lente du grand ours, de l'éléphant, du rhinocéros, un développement considérable. Le grand chat des cavernes semble s'être propagé pendant quelque temps après l'époque précédente ; l'hyène des cavernes est dans les mêmes conditions, et son espèce semble s'être propagée pendant plus de temps encore que celle du grand chat. Le *megaceros hibernicus* a aussi vécu quelque temps de plus que les grands pachydermes contemporains de l'ours des cavernes.

3° Ce n'est qu'après la disparition du renne, dans l'ouest de l'Europe, que se présente au point de vue de la faune un état complètement différent. On trouve, soit dans les couches superficielles des cavernes (quelquefois superposées à celles qui contiennent l'ours, quelquefois à celles qui renferment le renne) et dans les cavernes du fond des vallées principalement, soit aussi dans les tourbières relativement récentes, des bœufs, des moutons, des chèvres, des porcs, un chien domestiqués.

Si nous comparons aussi entre eux les débris d'industrie humaine trouvés dans les alluvions quaternaires anciennes, il m'est facile d'y montrer, avec l'aide surtout de MM. Gabriel de Mortillet et Leguay :

1º Dans les alluvions quaternaires anciennes, des silex généralement taillés d'une manière plus ou moins grossière, des os cassés en forme d'outils et d'armes, sans traces d'un travail fini ; tels sont les objets trouvés à Abbeville, Amiens, Paris, Pontlevoye, dans le Périgord et le Poitou, sur les bords de l'Ariége, etc.

C'est ici le cas de rappeler que l'époque la plus ancienne, pour les silex taillés de la vallée de la Claise, est d'après, M. Gabriel de Mortillet, celle des silex taillés en forme de haches aplaties, au pourtour ovoïde, allongé, et des éclats en forme de scie.

Les mêmes objets se rencontrent dans les cavernes avec la faune quaternaire ancienne : à Arcy, Vallières, Monsempron, Aurignac, Lherm, Bouichéta, Aubert, Mas-d'Azil, Pontil, Pondres, etc.

2º Dans toutes les cavernes où le renne domine, il existe en très grande abondance des silex taillés avec beaucoup plus d'adresse et de soin que ceux venus des gisements précités. Les ossements, ainsi que les bois de cerf et de renne, son: très finement travaillés, appointis, sciés. On connaît déjà l'art de reproduire la figure, soit des animaux, soit aussi celle de l'homme, tantôt par le dessin, tantôt par la sculpture. Ainsi l'ont prouvé les recherches faites à Espalungue, à Lourdes, à Massat-Inférieur, au Mas-d'Azil, à Bruniquel, dans le Périgord, etc., etc.

La seconde époque de M. Gabriel de Mortillet, époque de beaucoup postérieure à la précédente, est, par la vallée de la Claise, celle des grandes lames de silex dont les *nucleus*, désignés sous le nom de *livre de beurre* par les habitants de la campagne, sont disséminés en abondance sur le sommet des plateaux.

3º **Enfin, dans les cavernes à animaux domestiqués**, sont contenus des débris d'industrie humaine, indiquant que la civilisation a fait un grand progrès. Les roches non utilisées dans les périodes précédentes, les ophites, parce que leur élasticité n'avait pas permis de les tailler, sont utilisées maintenant. On leur a donné la forme de haches, en les usant et les polissant sur des grès. Les outils en os sont plus commodes et plus résistants que ceux des périodes précédentes. L'homme est devenu pasteur et agriculteur. Il fabrique des vases en argile, qu'il fait cuire soit au soleil, soit au feu. Il file et lisse des étoffes. Il ne connaît pas encore les métaux obtenus par le traitement de minerais. Les cavernes de la vallée de Tarascon, celles du Pontil, du Chaffaud, etc., etc., me permettent d'établir cette troisième division.

La troisième époque de M. Gabriel de Mortillet, pour la vallée de la Claise, époque assez intimement liée à la précédente, serait celle des silex polis.

Il est possible aussi de donner une étude comparative des ossements humains trouvés dans les divers gisements que je viens de passer en revue :

1º A Abbeville, la *fameuse mâchoire* trouvée, dans les alluvions quaternaires anciennes de la vallée de la Somme, par le vénérable M. Boucher de Perthes, a été rapportée par l'illustre docteur Pruner-bey à un type humain, dont les représentants actuels sont les Lapons, les Finois, les Grisons, les Basques, tous à crânes ronds, brachycéphales. A Aurignac, M. Lartet; à Arcy, M. de Vibraye, ont découvert, gisant avec la faune quaternaire ancienne, des débris humains, et entre autres des fragments de mâchoires rapportées par le docteur Pruner-bey à l'homme brachycéphale. Je viens moi-même d'étudier les restes d'un squelette humain trouvé dans une cavité sur les bords du Salat, près de Saint-Girons. Tout au tour de cette cavité, et sur les deux rives de la rivière, existent de nombreuses excavations remplies toutes par un même limon, contenant des représentants nombreux de la faune quaternaire ancienne, comme je l'ai dit plus haut. Ossements humains et débris de mammifères éteints, tout est recouvert par la même argile, tout a la même coloration grisâtre, le même poids, la même apparence physique, quant à la substance osseuse. L'examen attentif auquel je me suis livré, me permet d'avancer que la mâchoire inférieure et les membres du squelette humain auquel je fais allusion appartiennent à un individu très petit, et très probablement, aussi, brachycéphale.

2° Dans les cavernes où domine le renne, ont été rencontrés des débris humains qui paraissent avoir appartenu à des individus petits et brachycéphales. Ainsi, à Bruniquel, malgré la réserve de MM. Milne Edwards et Lartet, la mâchoire humaine que j'ai décrite avec MM. Louis Martin et Trutat, ne me semble pas avoir été attachée à un crâne long. Dans les grottes du Périgord, certains ossements humains, trouvés par MM. Lartet et Christy, ne seraient peut-être pas bien disparates, comme le pense M. Pruner-bey, sur un squelette de Lapon ou de Basque. Les ossements et le crâne humain trouvés par M. Van Beneden, en Belgique, appartiennent au type brachycéphale (1).

3° Dans les cavernes que j'ai rapportées à l'âge de la pierre polie, j'ai trouvé des ossements humains appartenant à diverses parties du corps que M. Pruner-bey a eu l'obligeance d'examiner, et qui ont appartenu à des brachycéphales. L'une des mâchoires de la grotte de Bédeilhac, que le savant anthropologiste a étudiée avec grand soin, lui a paru, à très peu de chose près, semblable à celle de Moulin-Quignou. Cependant, mon illustre confrère pense qu'il y a au milieu des ossements préhistoriques, que j'ai soumis à son examen, quelques fragments provenant d'individus dolycocèphales, c'est-à-dire à crânes allongés.

Avant de donner les conclusions générales de ce chapitre, il est nécessaire que je mette en relief deux faits :

1° Un éléphant, l'*elephas antiquus*, que les paléontologistes ont facilement distingué de l'*elephas primigenius*, semble avoir précédé ce dernier dans la période quaternaire ancienne. Des

(1) Ainsi le type brachycéphale paraît être un type très ancien pour l'ouest de l'Europe. Les types anciens sont probablement différemment dans d'autres parties du monde.

restes d'industrie humaine ont été signalés avec lui. Rien n'indique encore qu'une phase spéciale dans l'histoire de la faune quaternaire ancienne puisse être signalée comme correspondant à l'existence de l'*elephas antiquus*. Ce grand pachyderme a peut-être été le témoin de faits géologiques accomplis entre ce que nous sommes convenus d'appeler l'époque tertiaire et l'époque quaternaire ancienne. Mais comme les débris de son squelette paraissent plutôt attachés aux alluvions des grandes vallées qu'aux dépôts tertiaires, je le classerai dans ma division géologique de l'histoire de l'homme, comme sous-division dans l'époque de l'ours. Cette sous-division pourra plus tard, avec des découvertes plus complètes, devenir une division, ou disparaître tout à fait. L'avenir en décidera.

2° La découverte des traces d'un travail humain, sur les ossements d'*elephas meridionalis*, de *rhinocéros leptorhinus*, etc., faite par M. Denoyers dans les gisements tertiaires supérieurs de Saint-Prest, près de Chartres, est un fait des plus importants. Quoique l'illustre et consciencieux académicien n'ait pas trouvé les instruments qui ont servi à entailler les os de mammifères signalés et les bois de cerfs, je n'hésite pas un instant à accepter ces faits comme la preuve la plus évidente de l'existence de l'homme à l'époque ou vivaient ces animaux. Je l'ai déjà dit. Si l'on refuse à ces faits que, grâce à l'obligeance de M. Desnoyer, j'ai pu étudier par moi-même, de prouver la contemporanéité de l'homme et de l'*elephas meridionalis*, il faut tenir pour faux les faits pareils que j'ai indiqués comme s'étant passés à l'époque où l'ours des cavernes, le mammouth, le grand cerf d'Irlande, le renne, etc., les animaux domestiqués des pfahlbanten, des kjoekkenmoddings, des grottes préhistoriques étaient les contemporains de l'homme; il faut refuser la vérité de ce qui se passe de nos jours chez les peuples circumpolaires et chez les sauvages du Nouveau-Monde (1).

Je suis amené par tout ce qui précède à diviser l'histoire géologique et paléontologique de l'homme comme il suit :

(1) Comptes-rendus de l'Institut (Garrigou et Filhol, mai 1864).

1º Epoque tertiaire; 2º Epoque quaternaire ancienne; 3º Epoque quaternaire récente

1º EPOQUE TERTIAIRE.

Encore peu connue par la découverte due à M. Desnoyer de restes d'industrie humaine (ossements taillés) dans la pliocène de Chartres, peut-être aussi par quelques gisements tertiaires supérieurs de l'Auvergne, incomplètement étudiés jusqu'ici par MM. Lartet et Hébert.

2º EPOQUE QUATERNAIRE ANCIENNE.

1º *Période de l'elephas antiquus.* — Douteuse, peu connue par quelques recherches incomplètes, ne devant servir que de jalon provisoire, destinée peut-être à disparaître.

2º *Période de l'ours des cavernes et du mammouth.* — Quoiqu'existant déjà pendant l'époque pliocène, l'*ursus spelæus* ne paraît avoir été, dans l'ouest de l'Europe, une espèce très abondante, ainsi que l'*elephas primigenius*, qu'après l'extinction de l'*elephas antiquus.* Cette période est parfaitement caractérisée par les découvertes faites dans les alluvions quaternaires anciennes, dans une série de cavernes qui, dans les Pyrénées, sont situées entre 150 et 250 mètres de hauteur dans les vallées, par rapport au niveau des cours d'eau, et dans les couches inférieures du sol des cavernes à faunes multiples.

3º *Période du renne.* — Les nombreuses recherches, publiées surtout dans ces dernières années, ont mis hors de doute la nécessité de conserver cette période déjà établie par M. Lartet et si tranchée dans l'histoire de l'humanité. Je crois, pour ma part, qu'il est indispensable de joindre l'âge de l'*aurochs* de M. Lartet à celui du *renne.* Les découvertes les plus récentes m'ont prouvé que l'*aurochs* n'a jamais été trouvé dans une caverne sans y être accompagné d'un nombre plus ou moins considérable de *rennes.* A Lombrives, où nous avons signalé l'*aurochs* sur l'ins-

4

pection d'un certain nombre de dents, il y a eu erreur; c'est le *bos frontosus* et non l'*aurochs* qui y existe. Du reste, il n'y a pas dans cette caverne le *renne*, comme le laisse penser M. le professeur Vogt dans son remarquable travail sur l'homme. A Lourdes, l'*aurochs* était prédominant dans les couches supérieures de la caverne, mais il y avait aussi le *renne*. A Massat, le *renne* accompagnait aussi l'*aurochs*, comme me l'ont prouvé les fouilles que j'ai opérées il y a un mois dans cette localité, et comme l'a aussi trouvé M. Christy.

3º ÉPOQUE QUATERNAIRE RÉCENTE.

1º *Temps préhistoriques.* — Cette période serait caractérisée, suivant moi, par les habitations lacustres, les stations humaines, et les grottes dans lesquelles on rencontre pour la première fois les haches en pierres polies. Les animaux domestiqués abondent à cette époque.

2º *Temps historiques.* — Avec les métaux commencent les temps historiques. Les Celtes, qui paraissent avoir importé les métaux dans l'occident de l'Europe, en utilisant d'abord le cuivre, puis en fabricant le bronze pour arriver à l'emploi du fer, sont les premiers sur lesquels l'histoire nous donne quelques notions. Mais encore que d'hypothèses sur leur origine, que de mystères sur leurs mœurs et sur leur civilisation, dans laquelle les Européens ont puisé les éléments des progrès et des découvertes, qui ont rendu, les Français en particulier, le premier peuple du monde.

EXPLICATION

Géologique des faits précédents. — Conclusions générales.

Pour avoir rempli la tâche que je me suis imposée dans ce travail, il me reste à donner une explication des faits que j'ai signalés dans les Pyrénées, au sujet des niveaux divers observés dans les grottes à faunes différentes. La géologie doit éclairer ces faits qui, tout d'abord, semblent si singuliers.

Il est aujourd'hui accepté par tous les géologues, et il est facile de s'en convaincre en parcourant les Pyrénées, les Alpes et les grandes chaînes de montagnes, que les niveaux des vallées n'ont pas toujours été tels que nous les voyons aujourd'hui. Sur les flancs des escarpements qui longent les cours d'eau dans les montagnes, sont restés, comme témoins des anciens fonds de vallées, des lambeaux de terrasses à peu près horizontales, formées de cailloux roulés, de sable, de limons. Une série de terrasses successives et superposées se voient ainsi dans la vallée de Tarascon (Ariége), à la montagne dite de l'Abécède, au S.-E du pic de Soudour, dans lequel sont creusées les grottes de Bouichéta et de Bédeilhac, et plus loin la grotte des Enchantées.

Les terrasses qui sont les restes d'un seul et même dépôt comblant autrefois, sans doute pendant la période de l'ours des cavernes, la vallée de Tarascon et de Rabat, occupent des anses, des replis de terrains situés, l'un au pied du bois de l'Abécède, l'autre au pied du bois de Cerles, et le troisième au quartier dit Cabannes, sous la métairie de Cerles. Ces trois terrasses sont exactement au même niveau (630 mètres environ), et occupent le même versant de la montagne vers l'ouest, sur une étendue de 1500 mètres à peu près. Les grottes de Bouichéta et des Enchantées sont, à un niveau correspondant, à un peu plus de 630 mètres, entre 650 et 660 mètres (1). (Ces grottes sont, comme je i'ai prouvé, de l'âge de l'ours des cavernes.) Ainsi donc, le fond de la vallée devait être alors situé à quelques 30 mètres au-dessous de l'ouverture des grottes des Enchantées et de Bouichéta. De nombreux blocs erratiques disséminés çà et là sur les terrasses que je viens d'indiquer et au-dessus d'elles, permettent de supposer que des glaciers s'étaient étendus sur les montagnes voisines et avaient glissé sur les alluvions remplissant alors la vallée, avant et peut-être aussi pendant le temps où l'homme contemporain du grand ours des cavernes habitait l'entrée de la grotte de Bouichéta. Peu à peu, sous des influences climatologiques et géologiques que je n'ai pas à étudier ici, les glaciers de cette époque se sont fondus, des cours d'eau se sont formés et leur niveau a pu atteindre l'entrée de la caverne de Bouichéta, des Enchantées, etc. Entraînés dans l'intérieur des couloirs par les eaux limoneuses qui s'y précipitaient, les ossements et les objets d'industrie humaine, gisant à l'entrée des cavernes que l'homme avait dû abandonner, ont été déposés dans les coins les plus reculés et dans les anfractuosités de rochers avec les limons et les sables charriés par les eaux bourbeuses, véritable lœss de cette époque, au milieu duquel nous trouvons aujourd'hui ces objets.

Sous l'influence de la fonte des glaciers, probablement aussi sous l'influence d'un soulèvement lent, continu et peu considérable du sol, les torrents grossis et plus rapides ont entamé les dépôts anciens de la vallée, entraînant avec eux limons et cailloux roulés de manière à former, avec des intervalles de repos, des terrasses échelonnées, et mettant aussi à découvert les entrées

(1) La grande grotte de Bédeilhac, située 100 mètres plus bas que celle de Bouichéta, devait être, à cette époque, garnie, soit à l'entrée, soit à l'intérieur, par les alluvions qui comblaient toute la vallée. Les immenses dépôts de sable et de cailloux roulés qui atteignent encore la voûte, en certains points, de cette caverne inférieure, prouvent la vérité de cette théorie.

des grottes inférieures, comme celle de Bédeilhac. L'homme les habita plus tard, en même temps que des animaux différents de ceux de l'époque de l'ours vivaient dans le pays.

Une seconde fois peut-être, après un abaissement considérable du niveau de la vallée de Tarascon au-dessous de l'entrée de Bouichéta, par suite des érosions faites dans les dépôts de comblements extérieurs, les glaciers prirent-ils une nouvelle extension, comme on peut le supposer d'après les nombreux blocs erratiques des flancs de la montagne de Soudour. Ce n'est pas ici le lieu de discuter ce fait, je ne veux que le signaler.

Par la fonte de ces glaciers, qui s'étendirent peut-être sur l'immense dépôt horizontal de la plaine d'Arignac, et par la continuation du mouvement ascensionnel du sol, les cours d'eau creusèrent encore la vallée, et peu à peu celles-ci devinrent ce que nous les voyons actuellement.

Certaines cavernes semblent contredire les faits géologiques, qui, je le crois, ont présidé au phénomène du comblement et du creusement des vallées par suite de l'exhaussement lent et continu du sol. Mais, analysés avec soin, ces faits viennent au contraire corroborer ma manière de voir. Je vais le prouver :

La grotte du Mas-d'Azil paraît avoir conservé un niveau à peu près constant depuis l'époque de son habitat, pendant que le grand ours des cavernes vivait dans le pays, jusqu'à nos jours; ou bien, si son niveau s'est élevé, ce n'a pas été d'une manière très sensible.

Le niveau des dépôts les plus anciens de la caverne sont à 35 mètres tout au plus au-dessus de la rivière qui traverse ce long couloir souterrain; mais ces dépôts occupent le fond des couloirs latéraux de la caverne et les couches les plus inférieures du sol. Ils sont de l'âge de l'ours. Il est probable que l'entrée de la grotte était habitée à cette époque par l'homme. Les débris de son industrie, intimément mélangés avec les restes de l'ours et du mammouth, le prouvent.

La rivière dite actuellement l'Arize, qui traversait déjà le grand couloir de la caverne du Mas-d'Azil pendant l'âge de l'ours, dut, à l'époque de fusion des glaciers, entraîner dans les profondeurs de la caverne les objets qui se trouvaient à l'entrée, et les laisser d'époser avec les limons, pendant que l'eau s'écoulait lentement au dehors à travers des fissures.

Quand la rivière eut repris ses proportions premières et que l'entrée de la caverne se trouva de nouveau habitable, l'homme vint probablement s'y installer encore et y vivre, tandis que le renne abondait dans le pays. Un fait visible, c'est que les ossements du renne ont été entraînés dans les couloirs latéraux de la caverne, pas très avant dans ces couloirs, avec des cailloux roulés de petites dimensions, des sables et des limons, le tout reposant sur et contre les dépôts argileux à ossements d'ours. N'est-il pas naturel d'attribuer ce fait à une augmentation considérable des eaux de l'Arize, moins considérable cependant que la précédente, puisque les objets entraînés dans l'intérieur de la grotte n'ont atteint ni la profondeur, ni la hauteur des limons argileux caractérisés par l'*ursus spelæus* ?

L'homme pré-historique a laissé les traces de son passage dans les couches supérieures du sol de cette caverne.

Dans les Basses-Pyrénées, à Rebenhac et à Betharam, existent aussi deux cavités dont l'examen est on ne peut plus fructueux pour l'étude du remplissage des cavernes. Celles de Rebenhac surtout méritent une description particulière.

La grotte de Rebenhac est composée de plusieurs ouvertures et couloirs ; le principal est celui qui s'ouvre à droite, sur la route de Pau à Louvie, et au pied duquel la rivière du Nes surgit du sol par des ouvertures béantes. Dans cette caverne existent plusieurs planchers de stalagmites superposées, mais actuellement suspendues à la voûte par des colonnes stalactiformes, ou bien les unes au-dessus des autres, sans que l'intervalle qui les sépare soit garni par un dépôt quelconque. Il est cependant bien certain que ces stalagmites ne se sont pas formées en l'air à la façon des stalactites. Il y avait des dépôts sur lesquels se sont déposés ces planchers stalagmitiques, et plus tard les eaux ont emporté les limons, les cailloux roulés et tous les objets déposés avant la formation de la stalagmite, ainsi que les ossements fossiles qui y étaient renfermés. Une nouvelle stalagmite a encroûté les dépôts laissés par cette première érosion, et une nouvelle érosion a emporté les dépôts meubles sous-jacents au second plancher stalagmitique, mélangeant les limons de toute la caverne. Ainsi se sont passées les choses jusqu'à la formation de trois ou quatre planchers stalagmitiques, dont deux, quelquefois trois; sont suspendus tantôt à la voûte, tantôt les uns au-dessous des autres. Dans toute la caverne, où la rivière du Nes a dû si souvent remanier le sol, les fossiles de tous les âges, depuis l'époque de l'ours des cavernes jusqu'aux temps préhistoriques, tout est intimément mélangé, et il est impossible de rien démêler au point de vue de la stratigraphie des dépôts.

C'est par une étude comme celle de la grotte de Rebenhac, qu'on peut comprendre le danger de conclure à la non contemporanéité de l'homme et des espèces éteintes, sur la simple inspection d'un fait qu'on n'a pas compris. L'examen approfondi de ces cas singuliers de remaniement peut seul détruire les objections sans base, dressées *par parti pris*, contre une découverte inattaquable.

Il est temps de terminer ce travail qui, cependant, aurait demandé sur plusieurs points des développements plus considérables. Mais je ne saurais finir sans dire combien il serait utile d'observer avec plus de soin, avec plus de liberté de conscience que n'en ont porté dans leurs recherches certains observateurs, hélas! peu pénétrés de ce qu'est la vraie science. Dans la question de la haute antiquité de l'homme, des préjugés, des amour-propres froissés, des égards vis-à-vis de telle ou telle personne, vis-à-vis de telle ou telle secte, ont conduit quelques *écrivains*, quelques *penseurs* à négliger le côté *pratique* de la question, et à se lancer à perte de vue dans des théories et dans des raisonnements que l'observation des faits n'a pas tardé à démentir d'une manière formelle.

Lorsque Galilée eut annoncé que le soleil était immobile et que la terre tournait autour de lui, l'Inquisition le somma de se démentir, et il fut obligé de le faire, pour ne pas payer de sa tête la belle découverte qui illustra son siècle.

Plus tard, Buffon, interprétant d'une manière rationnelle la création du monde et la formation du globe, fut attaqué par la Sorbonne, à laquelle il se vit forcé d'écrire : « J'abandonne tout ce « que j'ai pu dire dans mon livre, sur la formation de la terre, « généralement tout ce qui peut être contraire à la narration de « Moïse. »

C'est toujours à pas lents que marche la science. Avec elle, les faits acquis sont l'expression de la vérité, et la vérité ne fléchit jamais. Le temps, ce grand régulateur des âges et des civilisations, anéantit peu à peu les barrières dressées contre un progrès toujours croissant. Vrais monuments archéologiques dans l'histoire des nations, doctrines, institutions, politique, tout fut ordonné suivant les besoins, suivant les passions de chaque époque. Espérons qu'aujourd'hui des études sérieuses dans les sciences et dans les arts tendront à conduire vers des idées plus justes, plus vraies. Depuis long temps déjà, Galilée a triomphé et l'inquisition n'inspire qu'un profond mépris. Buffon a été surpassé dans ses doctrines par les naturalistes de notre siècle, et Boucher de Perthes, entouré de ses illustres sectateurs d'Archiac, Desnoyer, Lartet, Vogt, Lyel, etc., a déjà le bonheur et l'honneur de voir dans ses vieux jours le triomphe de l'idée à la quelle il s'était dévoué avec tant de persévérance : celle de l'homme fossile.

Toulouse. — Imp. de L. Hébrail, Durand et Cⁱᵉ, rue des Balances, 43.

Toulouse. — Imp. L. Hébrail, Durand et Comp., rue des Balances, 48.

www.ingramcontent.com/pod-product-compliance
Lightning Source LLC
Chambersburg PA
CBHW071326200326
41520CB00013B/2869